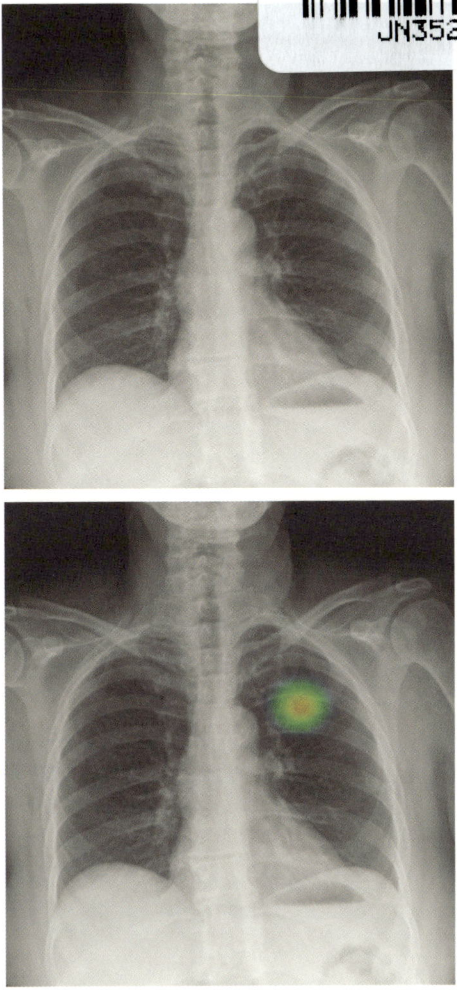

**Lunit INSIGHT CXR**

폐 결절(nodule) 흉부 X선 영상을 Lunit INSIGHT CXR에 적용하기 전(위)과 적용한 후(아래)

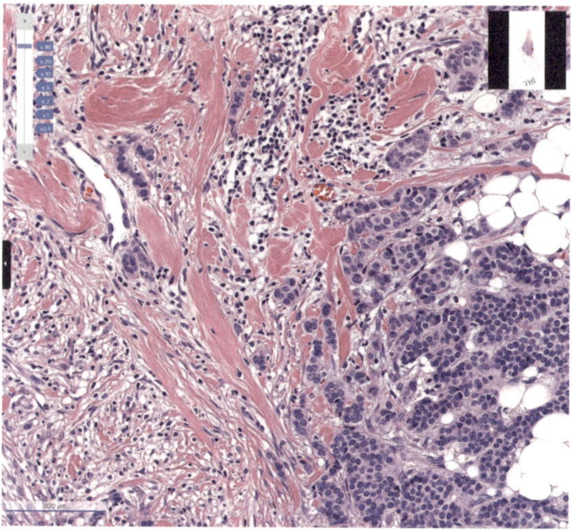

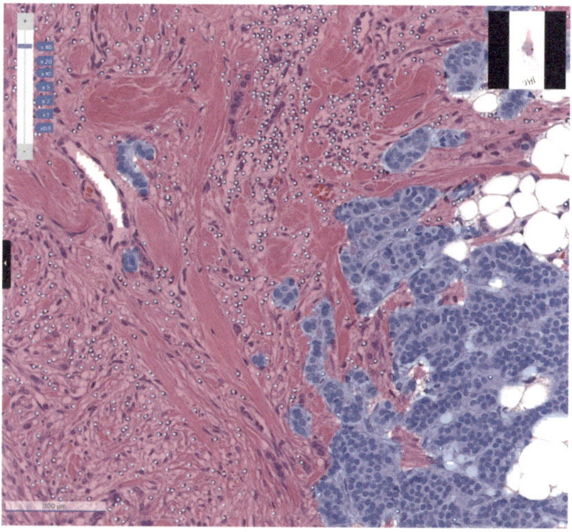

**Lunit SCOPE**

H&E 염색 조직 슬라이드 이미지를 Lunit SCOPE에 적용하기 전(위)과 적용한 후(아래). 종양 조직 내 종양침투림프구(Tumor Infiltrating Lymphocytes, TIL)가 분포한 위치를 볼 수 있다. Lunit SCOPE로 종양 내 TIL 밀도 정보, 종양기질 내 TIL 밀도 정보, 종양내 기질-상피조직 비율 등을 확인할 수 있으며, 면역 표현형에 따른 조직 분류도 가능하다.

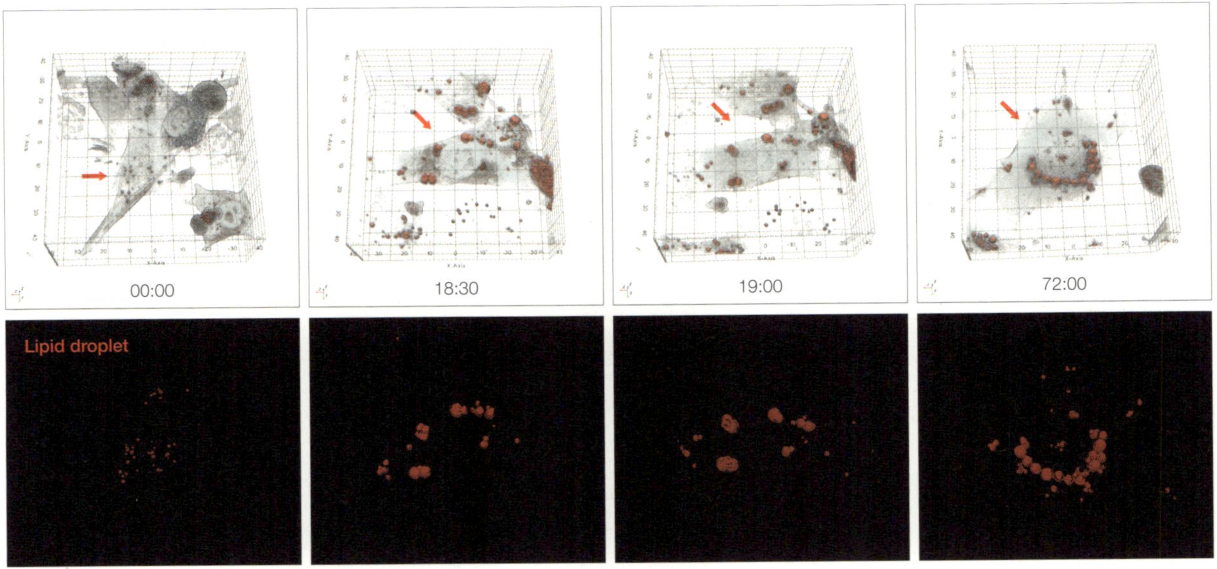


붉은색으로 보이는 것은 지질방울이다. 세포 안에서 지질방울이 변화하는 모습을 홀로토모그래피로 실시간 관찰할 수 있으며, 지질방울의 굴절률, 부피, 면적 등 정량값을 구할 수 있다.

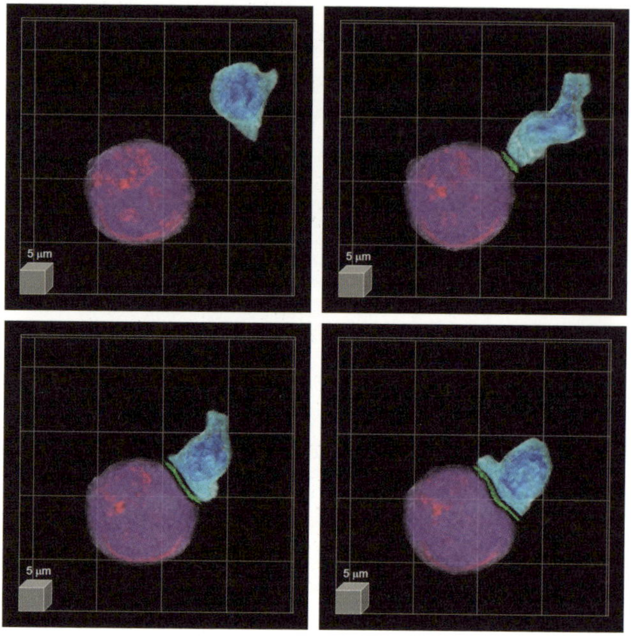


T세포(오른쪽 위)가 암세포(왼쪽 아래)를 공격하면서 면역 시냅스를 형성하는 모습을 홀로토모그래피로 촬영했다. 변화를 실시간으로 확인할 수 있다.

# 진단이라는 신약

**김성민**
바이오스펙테이터 선임기자
『어떻게 뇌를 고칠 것인가-알츠하이머 병 신약개발을 중심으로』
(바이오스펙테이터, 2019 세종도서 학술부문 선정도서) 지음

**과학자의 글쓰기 4**
진단이라는 신약
조기진단, 동반진단, 전이암진단, 이미징마커

2020년 8월 14일 초판 1쇄 찍음
2020년 9월 24일 초판 3쇄 펴냄

책임편집 다돌책방
편집 서윤석
일러스트 김성민
디자인 프라이빗엘리펀트
본문조판 민들레
마케팅 서일

펴낸이 이기형
펴낸곳 바이오스펙테이터
등록번호 제25100-2016-000062호
전화 02-2088-3456
팩스 02-2088-8756
주소 서울 영등포구 여의대방로69길 23, 한국금융아이티빌딩 6층
이메일 il.seo@bios.co.kr

ISBN 979-11-960793-9-0 03470


책값은 뒷표지에 있습니다.

과학자의 글쓰기 4

# 진단이라는 신약

## 조기진단, 동반진단, 전이암진단, 이미징마커

김성민

차례

## 제IV장 이미징마커-딥러닝과 홀로토모그래피



## 부록 한국의 암 진단 바이오테크 

# I

# 조기진단
# 메틸화 바이오마커와 PCR

**methylation & polymerase chain reaction**

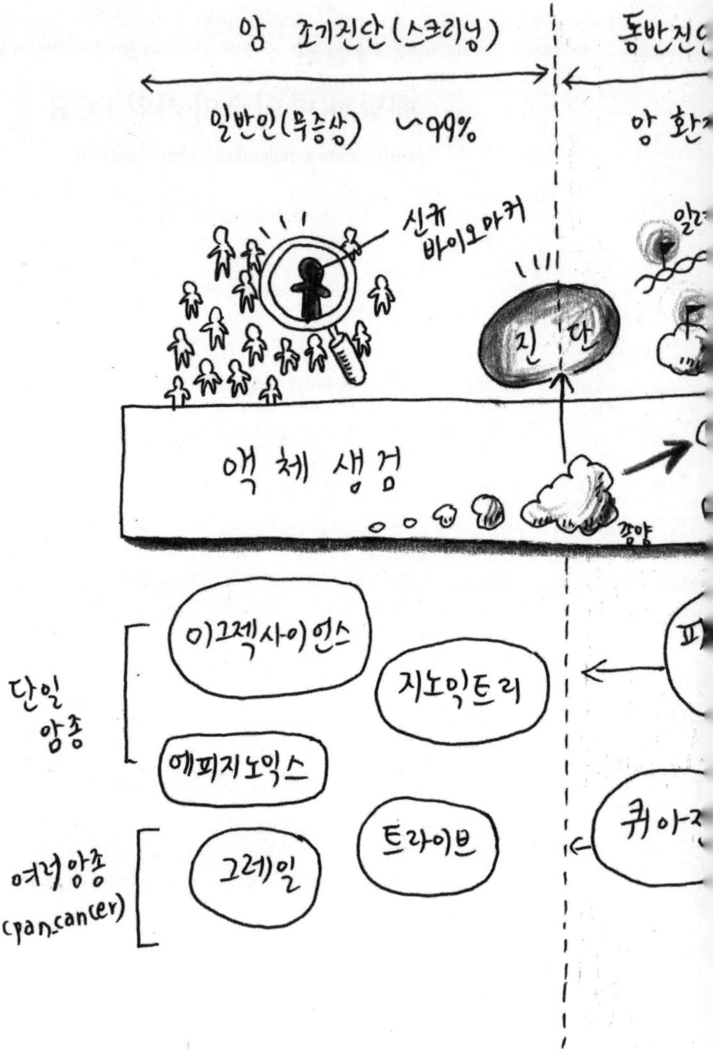

암 조기진단(스크리닝)
일반인(무증상) ~99%
신규 바이오마커
진단
액체 생검
종양
이그젝사이언스
지노믹트리
에피지노믹스
트라이브
그레일
단일 암종
여러암종 (pan-cancer)

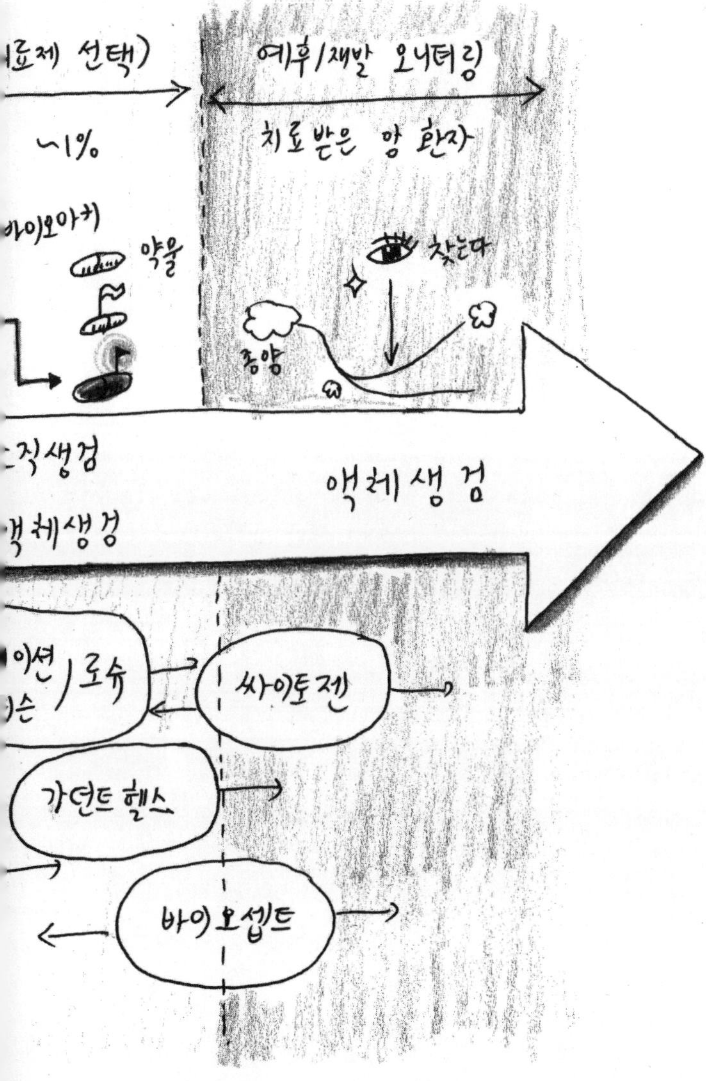

료제 선택)
예후/재발 모니터링
치료받은 암 환자
~1%
바이오마커
약물
찾는다
종양
조직생검
액체생검
액체생검
이션
스
/ 로슈
싸이토젠
가던트 헬스
바이오셉트

받지 않는다

미국에서 암으로 사망하는 순위 1위는 폐암, 2위는 대장암이다. 미국에서 한 해 평균 14만 명 정도가 대장암 판정을 받고, 평균 5만 명 정도가 사망한다. 한국에서도 대장암 사망률은 높아지고 있다. 대장암은 전체 암 가운데 발생률 2위, 사망률 3위다. 통계청이 조사한 한국인 암 사망률 조사에 따르면 2018년 기준, 한국에서 대장암으로 사망한 사람은 약 8만 명 정도다.

대장은 다른 장기들과 비교하면 상대적으로 접근하기 쉬운 장기다. 내시경을 할 수 있기 때문이다. 접근성이 좋다면, 내시경을 할 수 있다면, 암을 찾아내는 데 상대적으로 이점이 있다. 2010년 미국 기준 암을 초기에 찾아낸 비율은 유방암 약 72%, 자궁경부암은 80% 정도다. 둘 다 접근이 쉬운 곳이다. 반면 간암이나 폐암은 접근하기도 어렵고 내시경을 할 수 없다. 간암의 초기 발견율은 27%, 폐암은 16%다. 대장은 접근하기 쉬운 장기이며, 내시경을 할 수 있다.

대장암을 초기에 찾아낼 수 있는 좋은 조건은 또 있

다. 대장암은 병기의 진행이 느리다. 10년에 걸쳐 진행되는 느린 암이다. 따라서 초기인 시간도 길다. 대장 내시경 등 대장암을 찾는 진단으로 초기에 암을 찾아낼 확률이 상대적으로 올라가는 것이다. 대장 내시경의 암 진단 확률은 95% 이상(민감도 기준)으로 높은 편이며, 악성 용종과 초기 대장암의 경우 대장 내시경을 하는 도중에 병변을 없애는 치료까지 함께 할 수 있다.

대장암은 유방암이나 자궁경부암처럼 비교적 접근하기 쉬운 장기에 생기는 암이지만, 유방암과 자궁경부암보다 조기진단률이 낮다. 초기에 대장암을 찾는 비율은 약 40%다. 병원을 찾는 대장암 환자의 약 60%는 말기 단계다. 물론 일찍 찾아내지 못하면 사망률은 올라간다. 암에 접근하기 쉽고, 천천히 진행되며, 검진 능력이 좋은 대장 내시경이 있는데, 왜 이렇게 조기진단 비율이 낮은 것일까? 이는 받아본 사람만 안다는 대장 내시경의 고통 때문이다.

대장 내시경을 받으려면 전날 금식을 해야 하며, 장을 비우는 약도 먹어야 한다. 종류에 따라 다르지만 몇 시간 안에 2리터에 가까운 양을 먹는 약을 받기도 한다.

약을 먹기 시작하면 화장실로 뛰어들어갔다 나오기를 반복하는데, 보통 고통스러운 일이 아니다.

여기까지는 불편함이지만 위험도 있다. 대장 내시경을 받는 동안 장 천공이 생길 수 있다. 장 천공의 위험은 검사가 끝나고도 계속된다. 대장 내시경 검사 도중에 용종을 찾으면 바로 떼어내는데, 조심하지 않으면 며칠 후까지도 이 부위에서 천공이 생길 수 있다. 대장 내시경 과정에서 용종을 없앤 1,000명 가운데 1명꼴로 이런 부작용이 나타난다.

불편함과 위험 때문에 대장 내시경 수검률은 낮다. 심지어 1차 검사에서 이상 소견을 받은 사람이, 대장암인지 확실하게 판정하기 위해 대장 내시경 검사를 받는 비율도 30~40%에 그친다. 암일지도 모르는 상황에서, 대장 내시경을 받으면 거의 확실하게 암인지 아닌지 판정할 수 있고, 검사를 하는 도중에 용종 등을 제거할 수 있는데도, '이상이 있는 것 같습니다'라는 말을 들은 사람의 30~40%만 대장 내시경을 받는 것이다.

대장 내시경의 장점에도 불구하고 수검률이 낮은 것은, 대장 내시경을 진단의 범주에 넣어놓았기 때문으로 볼 수도 있다. 진단이라는 말을 들으면, '받으면 좋은 것'으로 해석할 여지를 남긴다. 만약 대장 내시경을 치료나 수술의 범주로 옮기면 어떻게 될까? 초기 대장암일 수 있다는 의심 소견을 받으면, 의사는 대장암 수술치료법 가운데 하나인 대장 내시경을 이용한 대장 용종절제술을 처방한다. 환자에게 있을 양성 또는 음성 용종을 수술로 없애는 것이다. 초기 대장암 의심 진단을 받은 환자가 의사의 수술 처방을 거부하지 않을 것이고, 의료진과 환자 모두 수술에 요구되는 주의를 기울일 것이다. 부주의로 장 천공이 생기는 등의 부작용도 줄일 수 있을 것이다.

그런데 대장 내시경을 수술의 범주로 옮기려면, 그에 준하는 진단 효과를 가지면서도 환자가 수월하게 검진을 받을 수 있는 조기진단법이 필요하다. 만약 대장 내시경보다 수월하게 검사를 받을 수 있고 진단 결과도 대장 내시경만큼 정확하게 나온다면, 대장 내시경은 수술의 범주로 옮겨갈 수 있을 것이고, 수술의 기준으로 처방되고 관리될 것이다. 환자들은 대장 내시경을 수술로 받아들일 것이다.

대장 내시경에 버금가는 효과를 보이는 대장암 진

단법이 있다면, 의사나 보험회사도 좋아할 것이다. 의사와 보험회사가 간절하게 바라는 것은 정확한 진단이다. 오진에 대한 두려움으로 의사는 과잉 진료를 할 가능성이 있다. 보험회사는 보험금의 지급을 줄이기 위해 치료비가 적게 들어가는 초기에 환자를 찾아내고, 찾아낸 환자가 적은 비용으로 치료받기를 원한다. 보험회사가 정확한 진단법에 돈을 쓰는 이유는 명쾌하다.

의사가 환자에게 대장 내시경을 받으라고 하는 이유, 보험회사가 대장 내시경을 강조하는 이유는, 대장 내시경이 대장암과 관련해서는 가장 확실한 진단법이기 때문이다. 따라서 정확성만 확보할 수 있다면, 의료진도 보험회사도 대장 내시경이 아닌 진단법과 진단키트를 적극적으로 사용할 것이다. 오히려 검진이 수월하고 안전한 진단법과 진단키트를 폭넓게 처방할 것이다. 이렇게 1차로 걸러진 환자에 대해 대장 내시경을 수술의 범주에서 좀더 적극적으로 활용하게 되면, 환자와 의료진과 보험회사의 만족도가 모두 높아질 것이다. 무엇보다 대장암을 초기에 찾을 수 있게 되면, 더 많은 생명을 구할 수 있을 것이다.

## 조기진단

암의 진행은 크게 두 가지 분류법을 따른다. 암의 진행을 기준으로 1, 2, 3, 4기로 나누는 분류법과, 전이를 기준으로 국한기(localized), 국소기(regional), 원격 전이기(distant), 알 수 없음(unknown)으로 나누는 분류법이다.

암을 1~4기로 나눌 때는 TNM 분류법이 기준이 된다. TNM 분류법은 종양이 장벽을 얼마나 깊이 파고 들어갔는지(종양 크기와 침윤도; T), 절제한 조직에 포함된 림프절 중에서 암세포가 발견되는 림프절의 갯수(N), 간이나 폐 등 대장에서 멀리 떨어진 장기로의 전이(원격전이; M) 정도를 분석한 것이다.

미국 암 연구소(NCI)와 미국 암 학회(ACS)는 암의 진행을 암이 발생한 장기를 벗어나지 않는 단계인 국한기, 암이 발생한 장기 외에 주변 장기와 가까운 조직 및 림프절을 침범한 국소기, 암이 발생한 장기에서 물리적으로 멀리 떨어진 다른 곳으로 옮겨간 원격전이기, 병기 정보를 확인할 수 없는 '알 수 없음'으로 암을 구분한다.

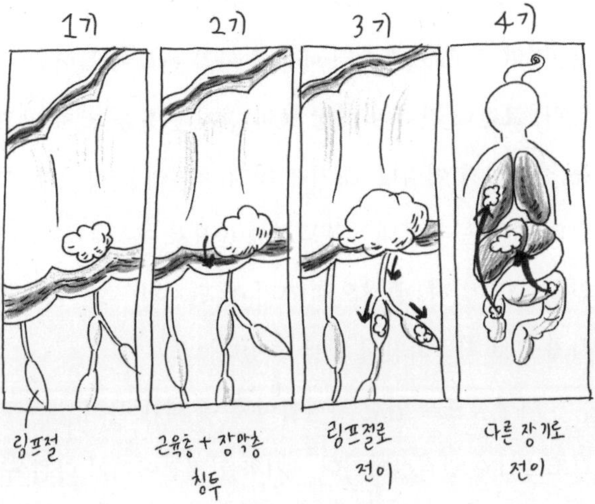


대장암의 전이과정

대장암을 초기에 찾았을 때, 더 정확하게 말해 4기와 원격전이기 전에 찾았을 때 생존율이 높아지는 이유는 수술을 할 수 있기 때문이다. 암 치료에서 수술은 우선 고려되는 치료법이다. 암은 초기에 찾으면 수술로 없앨 수 있고, 그 이후부터 예후에 따라 관리에 들어갈 수 있다. 그런데 간이나 췌장 등의 장기는 몸을 열지 않고는 접근하기 어렵다. 초기에 찾기가 어려운 것이다. 그런데 대장은 대장 내시경 덕분에 눈으로 이상 여부를 확인할 수도 있다. 종양으로 가기 전 단계의 작은 용종조차 눈으로 확인하면서 없앨 수 있다.

대장암으로 인한 사망률이 눈에 띄게 올라가는 구간도 4기와 원격전이기다. 4기와 원격전이기가 다른 구간과 갖는 차이점은 '전이가 되었는가' 여부다. 대장암 3기와 4기를 나누는 기준도 다른 장기와 복막으로 암이 전이되었는지 여부다. 대장에서 흡수된 것은 주로 간으로 이동하며, 폐나 뇌 등으로 이동한다. 대장에 암이 생겼다면 간이나 폐나 뇌로 전이될 수 있다. 원격전이기는 해당 조직이 아닌 떨어져 있는 곳, 예를 들어 림프절 등에 암이 생겼다는 뜻이니, 역시 전이가 문제다.

거칠게 말하면, 대장암은 전이가 일어나기 전에 찾기만 하면, 환자를 살릴 수 있다. 전이가 일어나기 전에 찾는 것이 중요하다는 말이 너무 당연한 것처럼 들릴 수도 있다. 그러나 다른 암과 비교했을 때, 컨셉을 좀더 명확하게 이해할 수 있다.

흡연 여부 등과 관계없이 생기는 비소세포폐암은 치료가 어렵다. 미국 기준으로 환자의 5년 생존률은 1, 2, 3, 4기를 통틀어 약 25% 정도다. 국한, 국소, 원격전이, 알 수 없음 단계를 통틀어 통계를 내도 5년 생존율은 약 25%에 그친다. 이는 비소세포폐암의 진행 속도가 빠르기 때문이다. 비소세포폐암은 1기에서 4기까지 가는 시간이 평균 10개월이다. 1기에서 2기까지 약 5개월, 2기에서 3기까지는 2개월 반, 3기에서 4기까지는 3개월 정도가 걸린다. 폐암도 일찍만 찾으면 환자를 살릴 수 있다. 문제는 진행이 너무 빠르고 말기까지 환자가 느끼는 증상이 없다보니, 초기에 찾기 어렵다는 점이다. 이런 이유로 비소세포폐암에서는 치료제 개발로 무게중심이 놓인다.

반대로 대장암은 1기에서 4기까지 평균 10년에 걸

| | 미국 | 한국 | | 미국 | 한국 |
|---|---|---|---|---|---|
| 1기 | 98.6 | 90~100 | **국한기** | 90.2 | 94.5 |
| 2기 | 88.6 | 70~85 | **국소기** | 71.8 | 81.6 |
| 3기 | 71.3 | 50~60 | **원격전이기** | **14.3** | **19.6** |
| 4기 | **13.3** | **〈5%** | **알 수 없음** | 37.5 | 55.5 |

두 가지 분류법에 따른 대장암 환자의 5년 생존율 비교(단위: %)
출처: 대장항문학회, 국가 암정보센터, 미국 암센터

쳐 진행된다. 그리고 1기와 2기에서 암을 찾아내 치료를 하면 환자를 살릴 수 있다. 1~2기 대장암 환자의 5년 후 생존률은 약 90%다. (대장암이 간, 폐, 복막 등으로 전이된 4기 환자는 5년 생존률이 약 10%로 떨어진다.) 따라서 현재의 대장암 치료 수준에서도, 빨리 찾기만 하면 된다. 대장암에서 조기진단이 중요한 이유다.

## 돈과 보험

대장암에서 조기진단이 중요한 이유는 또 있다. 돈 문제다. 사람을 살리는 것은 매우 중요하지만, 살리기 위해 돈을 얼마나 써야 할 것인지도 중요한 문제다. 미국에서 대장암을 1기 또는 2기에 발견했다면, 치료에 약 25,000달러 정도가 필요하다. 3기나 4기에 대장암을 찾았다면, 치료에는 97,000달러 정도가 들어간다. 한국에서는 1기 또는 2기에 대장암을 발견했다면 1,200만 원, 3기나 4기에 찾아냈다면 3,000만 원 정도가 치료에 들어간다.

돈 문제를 이야기하면서 보험을 빼놓을 수 없다. 보험은 치료비를 누가 얼마나 낼 것인지의 문제지만, 보험 체계가 잘 되어 있어 환자 개인의 부담이 줄어든다고 해도 결국 누군가는 돈을 내야 한다. 그것이 개인이든, 정부든, 보험회사든 비용이 늘어나는 것은 문제다. 유전적인 이유로 젊은 사람에게도 대장암이 나타나기는 하지만, 대부분의 대장암 환자는 나이가 많다. 고령 인구가 늘어나고, 고령의 대장암 환자가 늘어나니, 이로 인해 치료비가 늘어나는 것도 해결해야 하는 문제다.

한편 진단 키트를 개발하거나 치료제를 연구하는 바이오테크 입장에서도 돈과 건강보험 문제는 중요하다. 바이오테크가 연구에 매진하는 이유는 사람의 생명을 구하면서 돈을 벌기 위함이다. 생명을 구하는 것이 아이디어, 연구, 노력의 문제라면, 돈은 건강보험 문제다. 보험이 제품을 사주지 않으면 시장에서 성공하기가 쉽지 않다. 그런데 건강보험은 대장암 조기진단에 관심이 많다. 빨리 찾을 수만 있다면 적은 돈으로 환자를 치료할 수 있다. 나중에 발견해 보험금을 많이 지출하고 싶지 않은 것은 미국의 사보험이든 한국의 건강보험이든 마찬가지다. 조기진단에 관심을 가지는 것은 당연하다.

따라서 돈 문제를 따지려면 건강보험을 살펴봐야 한다. 한국과 미국의 의료 체계는 다른데, 이는 한국 의사와 미국 의사가 달라서가 아니라 한국 보험과 미국 보험이 다르기 때문이다. 우선 미국 보험 이야기부터 해보자. 전 세계에서 의료 기술이 가장 발달했고, 기적 같은 신약이 가장 먼저 가장 많이 출시되지만, 그 혜택을 받지 못하는 사람의 비율이 가장 많은 곳도 미국이다. 이는 대장암 분야에서도 마찬가지다. 그래서 미국 건강보험은 대장암 조기진단에 관심을 가진다.

### 미국

미국 건강보험에서 두드러지는 특징은 사보험 비율이 57%로 높다는 점과, 의료비용이 비싸다는 점이다. OECD 국가들의 GDP 대비 의료비 비중은 10%인데, 미국은 17%로 가장 높다. 2018년 기준 1조 4,693억 달러 규모의 큰 돈이 오가는데, 미국 건강보험은 사기업인 보험회사들과 일반 가입자들이 참여하는 시장으로 형성되어 있다.

시장에서는 가격 흥정이 일어난다. 미국의 보험회사들이 판매하는 건강보험 가격은 비싸다. 그러나 이는 보험회사들의 마케팅 전략이기도 하다. 일단 가격을 올려놓고, 할인해주는 흥정에 들어간다. 실제로 보험회사, 병원, 그리고 환자를 대행해 협상 테이블에 앉는 사람이 치료비와 보험금 지불을 놓고 열띤 흥정을 벌인다. 이것만 전담하는 부서가 보험회사나 병원에 있을 정도다.

미국 건강보험 체계가 흥정을 바탕으로 한 시장이라면, 여러 조건으로 흥정할 수 있는 상품의 개수가 늘어나기 마련이다. 한국에서는 지역가입자와 직장가입자, 수입이 얼마나 많고 자동차는 얼마나 큰 것을 몰고 다니는지 정도가 보험료 산정의 기준이다. 그런데 미국은 온갖 사업자들이 참여하는 시장이라, 건강보험 상품의 가짓수와 종류를 일목요연하게 정리할 수 없다. 그래서 몇 가지 시나리오로 대략적인 모습을 짐작해보는 정도다.

올해 미국 나이로 50세인 마이클 씨는 건강이 걱정

이다. 한국에서 사업을 하다 정리하고 미국으로 이민을 간 마이클 씨는 혹시 대장암에 걸리지 않았을까 의심한다. 술을 좋아하고, 고기를 즐겨 먹으며, 담배도 꽤 오래 피웠다. 대장암이 생기기 딱 좋은 생활습관(?)을 가진 마이클 씨는, 대장암 치료 상품이 포함된 건강보험을 알아보고 있다.

마이클 씨는 우선 주치의(family doctor)를 둘 것인지 선택해야 한다. 마이클 씨가 주치의를 정하는 보험상품(health maintenance organization, HMO)을 골랐다면, 응급상황이 아니라면 주치의를 먼저 찾아가야 한다. 마이클 씨는 주치의에게 대장암 검사를 받고 싶다고 이야기를 했는데, 주치의는 검사를 받을 필요가 없다고 판단했다. 마이클 씨가 가입한 보험 상품이 주치의 의견에 따르는 HMO이기 때문에, 마이클 씨는 대장암 검사를 받을 때 보험을 적용받기 어렵다. 마이클 씨는 HMO 가운데 대장암 검사가 포함된 보험을 골라서 구입하거나, 주치의에게 검사 소견을 꼭 달라고 부탁해야 한다. 만약 마이클 씨가 주치의를 지정하지 않는 보험상품(preferred provider organization, PPO)에 가입했다면 달라진다. 마이클 씨는 곧바로 대장암 전문의를 찾아갈 수 있다. 그래서 HMO보다 PPO가 비싸다. (참고로 보험의 구성요소에는 코페이[co-pay]도 있다. HMO든 PPO든 관계없이 병원에 방문해 진료를 받으면 내는 기본료다. 방문할 때마다 약 10~40달러 정도다.)

상품의 분화는 여기서 멈추지 않는다. 이제 디덕터블(deductible)이 나온다. 디덕터블은 보험 적용을 받기 전까지 환자 본인이 부담하는 돈이다. 마이클 씨는 디덕터블이 2,000달러인 보험상품에 가입했다. 마이클 씨가 대장암 검사를 받는 데 1,000달러가 들었다면, 마이클 씨는 일단 1,000달러를 내야 한다. 2,000달러가 넘어가야 보험혜택을 받을 수 있기 때문이다. 따라서 디덕터블이 낮을수록 보험상품의 가격은 비싸다.

디턱터블 범위를 넘은 경우에는 어떻게 될까? 다시 상품 구성이 다양해진다. 코인슈어런스(co-insurance)로, 디덕터블에서 초과한 비용을 다시 보험회사와 환자가 나누어 내는 비율이다. 역시 코인슈어런스 비율이 낮을수록, 즉 보험회사가 내는 돈의 비율이 높을수록 보험료는 비싸다.

여기까지만 보면, 미국의 건강보험 체계는 평소에 비싼 보험료를 낼 수 있는 부자들에게 유리하게 되어 있는 것처럼 보인다. 부자들에게 유리한 것은 사실이지만, 여기에는 다른 맥락도 있다. 본인부담상한금(out of pocket) 제도다. 코페이, 디덕터블, 코인슈어런스는 환자가 총 치료비 중 얼마를 부담할 것인지에 대한 다양한 상품 구성이다. 그런데 코페이, 디덕터블, 코인슈어런스를 모두 더한 돈이, 일정 금액 이상으로 나오면 건강보험에 가입한 환자는 더 이상 돈을 내지 않는다. 이것이 본인부담상한금 제도인데, 이 덕분에 미국에서는 아주 비싼 치료제도 보험에만 가입하고 있다면 처방 받을 수 있다.

예를 들어 혈액암 치료에 기적 같은 효과를 보여준 노바티스의 CAR-T세포 치료제 킴리아®(Kymriah®, 성분명: tisagenlecleucel-T) 1회 투여비용은 약 47만 5,000달러(약 5억 7,000만 원)에 달한다. 흑색종에 탁월한 효과를 보이는 키트루다®(Keytruda®, 성분명: pembrolizumab)는 회당 약 5,000달러로, 3주에 1회 투여 시 1년에 약 10만 달러(약 1억 원)가 필요하다. 이렇게 비싼 면역항암제 신약이나, 환자 맞춤형 세포치료제를 처방받으면 본인부담상한금을 넘는다. 본인부담상한금을 넘는 금액을 환자가 내지 않으면, 의료진은 적극적으로 첨단 신약을 써볼 수 있다. 한국은 이와 반대다. 전 국민이 같은 건강보험에 가입하기 때문에, 가격이 비싼 첨단 신약을 써보기가 어렵다.

물론 건강보험 자체에 가입할 수 없는 미국 취약계층 사람들에게는 멀게만 느껴지는 이야기일 것이다. 그러나 이는 취약계층을 어떻게 보험의 울타리 안으로 넣을지에 대한 문제이지, 미국의 건강보험 제도의 장점을 상쇄시키는 지점은 아니다.(참고로 2019년부터 CAR-T도 공보험 성격의 메디케어에서 적용을 받기 시작했다.)

다시 대장암으로 돌아가보자. 미국 건강보험 시스템에서 대장암은 사각지대에 놓여 있다고 할 수 있다. 대장암은 초기에 찾아내면 환자를 살릴 수 있다. 게다가 진행되는 속도가 느리므로, 전이가 일어나기 전 단계에서 찾아낼 기회도 많다. 따라서 상대적으로 치료가 쉬운 암이지만, 이는 사망률을 낮추는 데 영향을 주지 못한다. 건강보험에 가입하지 못한 미국 국민 가운데 10%

에 해당하는 사람은, 비싼 검진비용을 보험처리할 수 없으니 검사를 받지 못한다. 미국에서 대장 내시경 비용은 평균 3,000달러 정도다. 보험처리를 받으면 이보다 싸지겠지만, 돈이 없어 보험에도 가입하지 못했는데 3,000달러를 들여 대장 내시경을 받는다는 것은 상상할 수 없다.

이런 상황을 그대로 두고 볼 수 없어 미국 연방정부는 메디케어라는 제도를 운용한다. 메디케어는 노인의료보험제도로, 사회보장세를 20년 이상 납부한 65세 이상 노인과 장애인에게 연방정부가 의료비를 최대 100%까지 지원하는 제도다. 사기업이 판매하는 건강보험을 구입할 수 없는 사람들을 대상으로 하는 메디케어에서는, 2년에 1회 분변잠혈검사(fecal occult-blood testing, FOB)를 받을 수 있게 보장한다.

분변잠혈검사는 대변을 가지고 하는 화학 검사다. 대변에 있는 적은 양의 혈액(잠재혈액)의 유무를 검사해 대장암을 진단한다. 그런데 분변잠혈검사는 정확도가 낮다. 조기진단에서 대장암 환자의 50% 정도만 찾아낼 수 있고, 대장암으로 진행될 가능성이 높은 용종을 찾아내는 성공률은 20%에 그친다. 사실상 대장암 진단으로서의 효과는 매우 낮다.

그렇다면 보험에 가입한 사람은 어떨까? 보험에 가입한 사람들이 대장암 검사를 꺼려할 이유는 없다. 보험에 가입한 사람에게 있어서 문제는, 대장 내시경 자체를 피하려는 경향이다. 한국에서 대장 내시경 수검률이 낮았는데, 미국이라고 높을 이유는 없다.

상황을 종합해보면, 보험에 가입하지 못해 대장 내시경을 받지 못하거나, 보험에 가입했어도 불편함 때문에 대장 내시경을 피한다. 대장암은 사각지대에 있다.

## 그래도 궁금한 미국의 건강보험

미국에서 대장암 환자들이 실제로 돈을 얼마 쓰는지 궁금하다. 그래서 미국에서 건강보험을 팔고 있는 앤섬(Anthem)사의 사이트에서 보험상품 상담을 받아보았다. 매달 내는 보험료에 따라 코페이, 디덕터블, 코인슈어런스, 본인부담상한금 적용에서 차이가 났다. 앤섬에서 파는 가장 싼 보험은 브론즈다. 브론즈 상품은 매달 323달러, 가장 비싼 플래티넘은 매달 610달러를 내야 한다. 다음으로 직장이 있는지 여부가 변수로 작용한다. 직장이 있다면 직장에서 약 70% 정도를 분담해서 내주기 때문이다.

미국에서 대장암 1~2기 환자를 치료하는 데 25,000달러 정도가 들어간다고 했을 때, 직장 없이 브론즈 상품을 구입한 환자는 코페이 65달러, 디덕터블 6,300달러, 코인슈런스 비율 60%, 본인부담상한금을 8,000달러로 계산하면 13,780달러를 부담하게 된다.

플래티넘 상품을 샀다면, 코페이 15달러, 디덕터블 0달러, 코인슈런스 비율 90%, 본인부담상한금을 8,000달러로 계산하면 1,700달러를 부담하게 된다.

| | 보험등급 | 코페이 | 디덕터블 | 코인 슈어런스 | 본인부담 상한금 | 환자 부담총액 |
|---|---|---|---|---|---|---|
| 대장암 1~2기 | 브론즈 | 65달러 | 6,300 달러 | 60% | 8,000 달러 | 13,780 달러 |
| | 플래티넘 | 15달러 | 0달러 | 90% | 8,000 달러 | 1,700 달러 |

## 콜로가드

이그젝 사이언스(ExactScience)는 암 조기진단이라는 영역에서 처음으로 상업화에 성공한 회사다. 2014년 대장암 조기진단 키트인 콜로가드®(Cologuard®)를 출시했는데, 2015년 1년 동안 1만 5,000명이 콜로가드 검사를 받았다. 2018년에 이그젝 사이언스의 대장암 조기진단 키트를 사용한 사람은 12만 1,000명까지 늘었다. 물론 이그젝 사이언스가 처음부터 성공적이었던 것은 아니다. 콜로가드®가 세상에 나오기까지는 25년이 걸렸다. 이그젝 사이언스는 1억 7,000만 달러가 넘는 돈이 들인 임상에 실패하기도 했으며, 파산 위기에 놓인 적도 있었다.

1995년 이그젝 사이언스는 대장암 진단 키트를 개발하는 바이오벤처로 시작했다. 창립자인 스탠리 라피두스(Stanley N. Lapidus)는 유전체 분석기술로 대장암을 진단하는 바이오마커에 주목했다. 처음에는 암을 유발하는 유전자 돌연변이를 마커로 삼아 암을 초기에 찾아내는 방법을 연구했다. 이그젝 사이언스는 존스홉킨

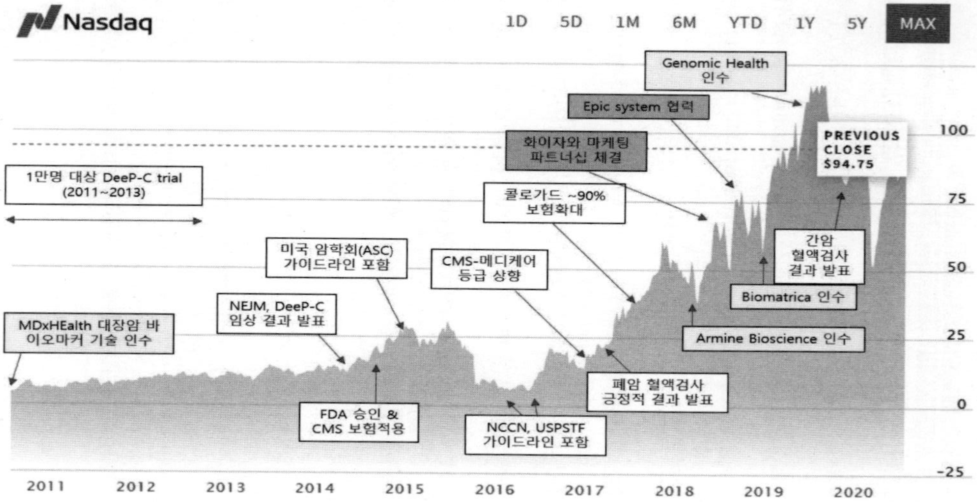


2010년대 초반부터 2020년 8월까지 이그젝 사이언스의 나스닥 주가 변화와 회사의 주요 마일스톤

스 대학 연구팀으로부터 기술을 도입해, 대장암을 조기 진단하는 키트를 개발하기 시작했다.

2001년 이그젝 사이언스는 헤모컬트2(Hemoccult II)라는 대장암 조기진단 키트 개발 임상시험을 시작했다. 당시까지는 분별잠혈검사가 비침습적으로(noninvasive) 대장암을 찾아내는 유일한 진단법이었다. 그러나 분변잠혈검사는 민감도가 낮아 대장암 환자를 제대로 골라내지 못했다. 한편 대장 내시경은 대장암을 찾아내는 효과는 좋았지만, 침습적인 검사 방법 때문에 사람들이 검진을 받으려 하지 않았다. 이그젝 사이언스는 두 진단법 사이에서 '합리적인 대장암 조기 진단법'을 만드는 데 도전한다. 더 많은 환자가 진단을 받도록 하겠다는 목표로 헤모컬트2 개발에 나섰다.

헤모컬트는 대장암 환자의 대변에서 대장암 발생에 중요하다고 알려진 유전자 변이 KRAS 유전자 3개, APC(adenomatous polyposis coli) 10개, p53 8개, 고빈도-현미부수체 불안정성(microsatellite-instability) 마커 BAT-26 등 21개의 DNA 변이를 진단하는 키트였다. 이그젝 사이언스는 대장암에 걸린 환자의 85%에게서

APC, p53, KRAS 등 발암유전자(oncogene) DNA 변이가 있다는 것에 주목했다. 또한 대장암 환자의 15%에게서는 미세위성 불안정(microsatellite-instability)에 의한 DNA mismatch 복구와 관련된 유전자들이 망가져 DNA 복구 기능에 이상이 생겼다는 연구 결과도 있었다.

2020년 현재를 기준으로 해도 그렇지만, DNA 변이로 암을 찾겠다는 것은 헤모컬트2가 나오던 당시 주류적 접근법이었다. 암을 'DNA에 이상이 생긴 것'이라고 정의하면서부터 연구자들은 DNA에 집중했다. 진단이나 치료 모두 DNA 변이를 중심으로 사고하게 되었고, 이그젝 사이언스도 이런 흐름에 속에서 헤모컬트2를 개발했다.

헤모컬트2 임상시험은 실패한다. 2001년부터 2003년까지, 50세 이상 피험자 4,404명을 대상으로 분변잠혈검사, 대장 내시경과 헤모컬트 2의 성능을 비교하는 임상시험이었다. DNA 마커를 이용한 헤모컬트2의 민감도는 대장암 1기 6.7%, 2기 25%, 3기 12.5% 였는데, 이는 분변잠혈검사보다도 낮았다. 분변잠혈검사의 민감도는 대장암 1기 53.3%, 2기 62.5%, 3기 37.5%였다.

| 대장암 병기<br>(TNM 분류 기준) | 분변잠혈<br>검사<br>(n=31) | % (95% CI) | 헤모컬트2<br>(n=31) | % (95% CI) |
|---|---|---|---|---|
| 1기 | 8 | 53.3<br>(30.1-75.2) | 1 | 6.7<br>(1.2-29.8) |
| 2기 | 5 | 62.5<br>(30.6-86.3) | 2 | 25.0<br>(7.1-59.1) |
| 3기 | 3 | 37.5<br>(13.7-69.4) | 1 | 12.5<br>(2.2.-47.1) |
| 4기 | 0 | | 0 | |
| Adenocarcinoma | 16 | 51.6<br>(34.8-68.0) | 4 | 12.9<br>(5.1-28.9) |
| Adenocarcinoma<br>+ high-grade<br>dysplasia | 29/71 | 40.8<br>(30.2-52.5) | 10/71 | 14.1<br>(7.8-24.6) |

분변잠혈검사와 비교하는 헤모컬트2 임상시험에서 민감도 결과

헤모컬트2와 분변잠혈검사의 특이도는 각각 94.4%, 95.2%였다. 분변잠혈검사의 민감도보다 낮은 헤모컬트2는 진단 키트로 사용할 만한 장점이 없었다(doi: 10.1056/NEJMoa033403).

헤모컬트2 임상시험은 임상 디자인 자체에도 문제가 있었다. 50세 이상 환자를 모았지만, 60~65세 이상의 환자 비중이 높았고, 데이터 편중을 의심받았다. 임상시험에 참여한 환자들에게서는 다른 임상시험 참여자들보다 더 작은 선종이 나타나는 비율도 높았다.

헤모컬트2 임상시험이 실패했지만, 이그젝 사이언스는 다시 기회를 얻는다. 2011년 사노피에 인수된 젠자임(Genzyme) 사로부터 투자를 받을 수 있었다. 이그젝 사이언스는 기존에 연구하던 파이프라인을 정리하는 등의 변화를 겪지만, 대장암 조기진단 키트 개발이라는 목표를 버리지 않았다. 그리고 프레임의 전환을 시도한다.

이그젝 사이언스 헤모컬트2 임상시험에서 실패하면서, 모두가 바라보고 있던 DNA 변이 추적에서 벗어나 다른 시선을 갖게 된다. 주류적인 컨셉이었던 암 환자의 DNA 변이를 추적해 조기진단을 하는 대신, 환경적 영향을 받는 메틸화(methylation) 변화를 보기로 한 것이다.

진단키트를 개발할 때 어떤 임상병원과 손을 잡을 것인지는 중요한 문제다. 이그젝 사이언스는 메이요 병원(Mayo Clininc)과 손을 잡았다. 2009년 메이요 병원 임상의였던 데이비드 A. 알퀴스트(David A. Ahlquist)는 콜로가드 개발의 단초가 된, 대장암 조기진단 메틸화 바이오마커 4개에 대한 연구 결과를 『캔서 에피데미올로지(*Cancer Epidemiology*)』에 발표한다. 알퀴스트는 대장 내시경 진단이 환자에게 불편함을 주는 것에 주목했다. 그는 불편함으로 인해 검사를 받는 환자가 늘지 않는 것을 보고, 새로운 진단법을 개발해야 한다고 생각했다. 그리고 DNA의 메틸화 변화를 활용한 대장암 조기진단이라는 아이디어를 제시했다.

DNA는 그 자체로 데이터 값이다. DNA가 특정한 단백질을 발현해 기능을 수행하거나 반대로 특정 단백질의 발현을 억제해 해당 기능을 차단당하려면, 특정한 조건이 마련되어야 한다. 이 조건 가운데 메틸화가 있다.

DNA는 네 종류의 염기인 아데닌(A), 시토신(C), 구아닌(G), 티민(T)이 다양하게 결합한 구조다. CpG는 특정 시토신(C)과 구아닌(G)에 인산기(p)가 연결된 형태다. 유전자 서열 전체에서 이런 형태가 집중되어 있는 부분을 CpG 섬이라고 부른다. CpG 섬은 주로 DNA 프로모터(promoter)에서 발견되며, DNA 발현을 조절한다.

이런 DNA 프로모터나 CpG 섬에 메틸기($-CH_3$)가 붙으면 DNA 전사가 막히고, 해당 DNA가 생성할 단백질 생성도 막힌다. 히스톤 아세틸화(histone acetylation)가 되면 DNA 발현이 촉진되어 단백질이 생성된다. 반대로 아세틸기를 없앤 히스톤 디(de)-아세틸화가 일어나면 히스톤 단백질과 DNA가 강력하게 결합해 유전자 발현이 억제되고, 단백질 생성도 억제된다.

암이 DNA에 이상이 생겨 나타나는 질병이라면, DNA가 자체의 설계가 이상해 암이 발생하는 경우가 있을 것이다. 그러나 모든 암이 이런 방식으로 일어나는 것은 아니며, 메틸화 과정에서 문제가 생겨도 암에 걸릴 수 있다. 따라서 유전자 자체의 변이를 마커로 삼는 것과 함께, 메틸화 변화를 마커로 삼는 것 역시 암을 찾아내고, 치료하는 데 활용할 수 있다. 자연스러운 생각의 흐름이다. 그러나 암 진단과 치료법 연구자들 사이에서는 DNA 변이에 집중하는 경향은 있었지만, 메틸화에 집중하는 경향은 덜 했다. 알퀴스트는 메틸화에 집중했고, 메틸화에 집중한 알퀴스트에 이그젝 사이언스가 집중했다. 한편 이그젝 사이언스는 콜로가드®에 들어가는 바이오마커를 확보하기 위해 2010년 MDX 헬스케어로부터 NDRG-4 메틸화 마커를 인수했다.

2014년에 이그젝 사이언스는 콜로가드®를 내놓았고, 2016년에 콜로가드®는 미국  대장암 진단 가이드라인(NCCN guideline)에 포함되었다. 콜로가드®는 환자 대변에서 추출할 수 있는 DNA를 가지고 대장암에 걸렸는지 여부를 진단한다. 바이오마커로는 환자 DNA에 있는 NDRG-4와 BMP-3이라는 두 가지 메틸화 마커와, 7개의 DNA 변이 마커, DNA 양을 재는 참조 마커와 단백질 마커(분변 헤모글로빈)까지 총 11개를 사용한다.

메틸화 마커인 NDRG-4는 세포분열과 관련된 신호 전달을 담당한다. BMP-3은 뼈를 만드는 세포인 조골세포의 분화와 관계가 있다. (조골세포를 억제해 골밀도를 낮추는 역할을 한다.) 이 두 마커는 대장과 직접 관계가 있는 유전자가 아니다. 따라서 DNA 변이 분석이었다면, 대장암 진단이나 치료와 관련한 연구선상에 오르기 어려웠을 수도 있다. 그러나 대장암 환자의 대장에서 떨어져 나와 대변에 섞여 있던 DNA들에서 NDRG-4와 BMP-3의 메틸화 변화가 관찰되었다. 즉 대장 기능과 직접 관계없는 메틸화 현상을 대장암 진단 마커로 사용한 것이다.

이그젝 사이언스는 2011년부터 대규모 임상시험을 진행했다. 대장암 위험이 있다고 보이는 50~84세 사이의 대상자 1만여 명이 임상시험에 참여했다(NCT0139747). 임상시험은 콜로가드®와 함께 분변잠혈검사를 받고, 90일 안에 대장 내시경을 받아 대장암 여부를 확인하는 것으로 디자인되었다. 2년 동안 진행된 임상시험에서 콜로가드®는 민감도 92%와 특이도 90%라는 결과를 보여주었다. 2014년 미국 FDA는 콜로가드®를 대장암 조기진단 키트로 승인한다. 콜로가드®는 미국 FDA의 승인을 받은 첫 번째 대장암 조기진단 키트였다. 미국 FDA가 콜로가드®를 승인한 날, 미국에서 취약계층 대상 건강보험인 메디케어에서도 콜로가드의 보험 적용을 승인했다. FDA와 메디케어가 동시에 검토를 진행해 기간을 줄인 것이다. 이 역시도 처음 있는 일이었다. 2014년 미국 암 학회, 2016년 미국 종합 암 네트워크는 콜로가드®를 대장암 조기진단법으로 권고하는 가이드라인을 발표하기도 했다. 2020년 현재 미국에서는 45세가 넘어가면 3년마다 콜로가드®로 대장암 여부를 검진받는 것을 권고받는다.

이그젝 사이언스가 발표한 콜로가드®의 환자 순응률은 66%다. 순응률이 높은 이유는 사용법이 간편하기 때문이기도 하다. 검진을 받으려는 사람은 병원에 갈 필요가 없다. 집에서 정해진 순서에 따라 대변을 채취하고, 버퍼에 담아, 택배로 72시간 안에 실험실로 보낸다.

콜로가드®로 1년 동안(2017.10.~2018.09.) 검사를 받은 대상을 분석한 결과는 놀랍다. 전체의 40%는 대장 내시경을 받은 적이 있었고, 12%는 분변면역화학검사(FIT)/분변잠혈검사(FOBT) 검사만 받았다. 나머지 48%는 대장암 진단 검사를 받은 적이 없던 사람들이었다. 한편 메디케어 권고에 순응하지 않는 대상

(non-compliant medicare patients)에 해당했던 393명 가운데 88%가 콜로가드® 검사를 받은 결과도 인상적이다. 이 가운데 4명의 환자가 치료 가능한 단계였고, 21명은 진행성 선종을 보유한 환자였다.

콜로가드®가 시장에 나온 2014년 4분기에 콜로가드®로 검진을 받은 건수는 약 4,000건이었다. 5년이 지난 2019년 콜로가드® 검진 건수는 약 170만 건으로 425배가 늘어났다. 2020월 2분기 이그젝 사이언스가 발표한 자료에 따르면 미국에서 콜로가드®의 시장침투율은 5%다. 이그젝 사이언스는 시장침투율을 40%까지 늘리는 것을 목표로 한다. 미국에서 대장암 조기진단을 받아야 하는 45세에서 85세 사이의 인구가 3년에 한 번 검진받는다고 가정했을 때 1억 600만 건의 검진이 필요하다. 이그젝 사이언스가 바라보는 40%, 8,500만 건은 엄청난 숫자다.

이그젝 사이언스는 2029년까지 15만 명 규모의 콜로가드® 추가 임상시험을 진행할 예정이다(NCT04124406). 진단 키트 임상시험의 규모가 1~3만 명 사이에서 진행되는 것을 고려하면, 초대형 임상시험이다. 콜로가드® 성능에 대한 자신감을 바탕으로, 거의 완벽한 수준의 데이터로 건강보험의 적용을 받으려는 전략이다. 여기에 콜로가드 2.0도 준비한다. 콜로가드®의 높은 민감도를 유지하면서, 특이도를 더욱 높이는 것이 목표다. 이그젝 사이언스는 메이요 클리닉과 새로운 바이오마커를 찾고, 시료 분석 및 처리 과정의 효율을 높이는 연구를 하고 있다. 2001년 이그젝 사이언스가 나스닥에 상장한 이후 2014년까지는 주당 18달러 아래였다. 그런데 콜로가드®가 나오면서 2018년 기준 70달러까지 올랐다. 2020년 8월 3일 기준 이그젝 사이언스의 시가총액은 약 140억 달러다.

## 민감도와 특이도

민감도는 환자, 특이도는 정상인과 관계가 있다. 어떤 병이 있는지 검사를 했을 때, 병에 걸린 사람을 환자로 찾아내는 비율이 민감도다. 특이도는 병에 걸리지 않은 사람을 정상이라고 판단하는 비율이다. 결국 환자를 고르기 위한 것이라는 점에서 비슷해 보이지만, 둘은 다르다.

A라는 질병이 의심되어 검사를 한다. 10만 명에게 검사를 하는데, 질병 유병률이 0.1%로 환자는 100명이 있고 정상인은 99,900명이 있다. A 질병을 검사하는 진단 키트는 a, b 두 가지가 있다. a는 민감도 99%, 특이도 90%의 성능을 보여주는 제품이다. b는 민감도가 90%이고 특이도가 99%다.

a 키트로 검사를 하면 민감도가 99%이므로, 100명의 환자 가운데 99명을 환자라고 지목한다. 특이도는 90%이므로 정상인 99,900명 가운데 89,910명을 정상이라고 진단한다. a 키트를 쓰면 환자 가운데 1명이 오진을 받아 치료받을 기회를 놓칠 수 있으며, 9,990명의 정상인은 병에 걸리지 않았는데 추가 정밀검사를 받게 될 것이다.

b 키트로 검사를 하면 민감도가 90%이므로, 100명의 환자 가운데 90명에게 병에 걸렸다고 이야기할 것이다. 특이도는 99%이므로 99,900명 가운데 98,901명에게 정상 판정을 내린다. b 키트를 쓰면 환자 가운데 10명은 치료받을 기회를 놓칠 수 있고, 정상인 가운데 999명은 병에 걸리지 않았지만 추가 정밀검사를 받게 될 것이다.

따라서 민감도가 높은 a 진단 키트는, 정상인이 엉뚱한 추가 검사를 받는다 하더라도 더 많은 환자를 찾아낼 수 있다. 특이도가 높은 b 진단키트는 정상인이 불필요하게 추가 검사를 받을 가능성은 낮추지만, 환자를 찾아내는 비율이 낮으므로 위험하다. 질병의 진행이 빠르거나 치명적인 질환이라면, 민감도 높은 키트를 사용해 더 많은 환자를 찾아내는 것이 중요하다. 단 추가 정밀검사에 비용이 많이 들거나, 정밀검사 자체가 위험한 경우에는 정상인에 대한 오해를 줄일 수 있도록 특이도가 높은 것이 중요할 수도 있다.

민감도와 특이도는 진단 영역에서는 반드시 구분해 접근해야 한다. 물론 민감도와 특이도가 모두 높은 진단법을 개발하는 것이 최선일 것이다.

| 검사결과 \ 질병 | 유 | 무 | 합계 |
|---|---|---|---|
| 양성 | a | b | a+b |
| 음성 | c | d | c+d |
| 합계 | a+c | b+d | a+b+c+d |

민감도(sensitivity) = $\frac{a}{a+c} \times 100$

특이도(specificity) = $\frac{d}{b+d} \times 100$

양성예측도 = $\frac{a}{a+b} \times 100$

음성예측도 = $\frac{d}{c+d} \times 100$

## 음성 예측도와 양성 예측도

민감도와 특이도는 검사받는 사람의 관점을 기준으로 하지만, 음성 예측도와 양성 예측도는 기기의 관점에서 정확도를 평가하는 기준이다. 음성 예측도와 양성 예측도를 두는 이유는 조기진단이 일반인 대상 검사이기 때문이다. 암 환자가 수술을 받은 다음, 치료제 투여, 재발 모니터링, 효능을 내는 새 치료제 변경 등을 위한 진단을 받는다. 바이오마커 기반 항암제라는 것은 이런 동반진단에 속한다. 암으로 진단받은 환자를 세분화하는 개념이다.

그러나 암 조기진단은 일반인을 대상으로 한다. 100명의 일반인 가운데 암 환자의 비율은 1명일 때, 이 1명들을 모아서 세분화해보면 여러 암마다 질환과 유병률이 달라 비율은 더 작아진다. 조기진단 키트의 성능과는 관계없이 유병률이 낮으면 양성 예측도도 낮아진다. 사람들이 덜 걸리는 질환이라면, 이를 찾아내려는 효용이 떨어질 수 있다. 검진을 하는 모든 사람에게 적용하기 어려운 것이다. 암처럼 유병률이 높은 질환을 찾아내는 진단 키트를 개발하려는 시도는 많지만, 일반인 대상 희귀질환 진단 키트가 시장에서 자연스럽게 개발되기를 기대하기는 어렵다.

## 데이터의 힘

이그젝 사이언스의 콜로가드® 성공 요인 가운데는 대규모 확증임상이 있다. 의료기기, 즉 진단 키트에서 살펴봐야 하는 것으로 탐색임상과 확증임상이 있다. 탐색임상은 의료기기, 즉 진단 키트의 초기 안전성 및 유효성에 대한 정보를 모으는 임상시험이다. 이어질 임상시험을 설계하고, 평가항목이나 평가방법 근거 등을 세우기 위해 진행된다. 적은 피험자를 대상으로 비교적 단기간에 걸쳐 실시되는 초기 임상시험이다. 확증임상은 의료기기, 즉 진단 키트의 구체적 사용목적에 대한 안전성 및 유효성의 확증적 근거를 모으는 임상시험이다. 통계적으로 유의미한 숫자의 피험자를 대상으로 한다. 꼭 안전성과 유효성 탐색임상을 하고 그 다음에 진행하는 것은 아니다. 탐색임상은 필요에 따라 연구 목적으로 할 수도 있다.

미리어드제네틱스(Myriad Genetics)의 BRACAnalysis®는 BRCA(breast cancer susceptibility gene) 유전자로 유명하다. 미리어드제네틱스는 유전자 변이 특

허를 바탕으로 성장했다. BRCA는 고장난 유전자를 수리(DNA repair)하는 역할을 한다. 그런데 BRCA 유전자에 변이가 일어나면 유전자 수선 기능이 망가지고 유전자 변이가 쌓인다. 암에 걸릴 위험이 높아지는 것이다. BRCA 변이가 일어나면 유방암과 난소암 등 특정 암에 걸릴 위험이 높아진다. BRCA 변이가 있는 경우 변이가 없는 사람보다 유방암에 걸릴 위험은 5배, 난소암은 10~30배까지 높아진다. 유방암 환자 중 5~10%에게 BRCA 변이가 있다.

1996년 미리어드제네틱스는 두 가지 형태의 BRCA 유전자인 BRCA1, BRCA2 변이를 테스트하는 검사법, BRACAnalysis®를 출시했다. 이후 20년 가까이 시장을 독점할 수 있었다. BRACAnalysis®의 테스트 비용은 비싼 편이라 약 3,000달러 정도다.

그런데 사람의 유전자를 특허화한다는 것이 문제가 되었고, 오랜 소송 끝에 2013년 미국 대법원은 BRCA 검사에 대한 유전자 특허를 무효화하는 결정을 내린다. 미리어드제네틱스는 독점권을 잃었다. 유전자 변이는 '자연의 산물'로, 발견이지 발명이 아니라는 이유에서였다.

독점권이 사라지자 패스웨이지노믹스(Pathway Genomics), 퀘스트다이고노스틱스(Quest Diagnostics) 등 검진 비용을 낮춘 경쟁자들이 나타났다. 그런데 미리어드제네틱스의 선두 자리는 빼앗을 수 없었다. 오히려 미리어드제네틱스의 2014년 매출액은 7억 7,800만 달러로 2013년과 비교해 27%가 늘었다. 이는 검진을 하는 기술뿐만 아니라 쌓아놓은 데이터가 주는 힘 때문이었다. 미리어드제네틱스에는 이미 확보한 130만 건의 유전자 검사 데이터가 있었다. 경쟁 기업들의 진단이 70~80%의 정확도를 보인 것과 비교해 BRACAnalysis®는 98%가 넘는 높은 정확도를 보였다. 검진 대상자들은 미리어드제네틱스의 검사를 원했다.

경쟁 기업 제품의 정확성이 낮았던 이유는 당연한 결과다. BRCA1과 BRCA2는 각각 17번 염색체, 22번 염색체라는 다른 염색체에 있는 DNA 수리에 관여한다. 그런데 BRCA1은 1,863개의 아미노산으로 이뤄진 단백질로, DNA 염기서열 상에서 일어날 수 있는 변이가 무수히 많다. 그리고 유방암이나 난소암을 일으키는 데 중요한 염기는 이 가운데 몇 개뿐이다. 따라서 유전자 검사의 정확성을 높이기 위해서는 환자 데이터베이스와 참조 데이터베이스(reference database)를 충분히 확보해 분석하는 것이 필수적이다.

미리어드제네틱스의 BRCA 검사는 암 위험군을 찾는 검사고, 암 조기진단은 암 환자를 찾는다는 점에서 다르다. 그럼에도 미리어드제네틱스 사례에서 주목할 것은 첫째, 어떤 특정한 유전자 변이를 검사하는 것 자체는 특허가 될 수 없다는 것과, 둘째, 대규모 데이터베이스가 가진 힘이다.

## 조기진단 키트=신약의 시장성

동반진단, 예후 진단 등이 포함되는 암 진단 시장은 커지고 있고, 이 가운데 암 조기진단의 시장 규모가 가장 클 것으로 보고 있다. 이벨류에이트메드테크에 따르면 콜로가드®의 매출액은 매년 34%씩 늘어나, 2024년에는 27억 달러에 이를 것이라고 보고 있다. 보통 연 매출 10억 달러가 넘는 의약품을 블록버스터 제품이라 부르니, 콜로가드®는 조기진단 키트로는 처음으로 블록버스터가 될 가능성이 높다.

암 조기진단 키트의 시장성이 좋은 이유는 단순하다. 첫째, 암 진단은 특정 연령대가 지나면 모든 사람이 보편적으로 받는 검사에 포함된다. 대다수의 일반인이 주기적으로 검사를 받는다고 가정하면, 시장의 규모는 크다.

둘째, 암 조기진단 키트는 '바꾸는 컨셉이 아니라 돕는 컨셉'이다. 기존 검사법을 없애고 새로운 검사법을 도입하는 것이 아니라, 기존 검사법이 채우지 못한 부분을 채우는 역할이다. 예를 들어 환자의 순응률을 높이는데 도움을 줄 수 있다. 불편하고 위험한 대장 내시경의 순응률이 떨어지는 상황에서, 간편하고 정확한 대장암 진단 키트가 있다면 해당 진단 키트로 1차 검진을 받고 이상 소견이 있는 대상자들만 대장 내시경을 받도록 유도할 수 있다.

셋째, 검사를 받는 대상자에게 혜택이 많다. 덜 불편하고, 덜 위험하지만, 더 정확한 암 조기진단 키트의 궁극적인 목표는 초기에 암을 찾아내는 것이다. 아무리 좋은 치료제가 있다고 하더라도, 조기에 찾아서 치료하는 것보다 좋을 수는 없다. 덜 불편하고, 덜 위험하지만, 더 정확한 조기진단 키트가 있다면, 검사를 받을 것이다.

마지막으로 조기진단에 쓸 수 있는 바이오마커의 특허화다. BRCA, EGFR, HER2와 같은 유전자 변이는 특허가 될 수 없지만, 조기진단에 사용하는 새롭게 발굴한 바이오마커는 특허가 될 수 있으며, 이는 신약 못지 않은 규모의 시장성을 가질 수 있다.

## 후성유전과 메틸화

"환경과 유전자가 상호작용하면서 표현형이 나타났다.(the interactions of genes with their environment, which brings the phenotype into being)"

1942년 발생학자이자 유전학자 콘래드 워딩턴(Conrad Waddington)은 『네이처(*Nature*)』에서 후성유전(epigenetics)이라는 개념을 이렇게 설명했다. 후성유전에 대한 정의는 시간이 지나면서 좀더 구체적이 되어간다. 현재 후성유전학은 'DNA 서열 변화 없이 유전자 발현이 달라지는 변화'를 연구하는 학문이다.

생물학적으로 본다면 후성유전은 염색질(chromatin)을 리모델링해 유전자 발현을 조절하는 것이다. 사람의 몸은 약 200종류의 세포로 구성되어 있다. 피부세포, 근육세포, 신경세포 등 200여 종의 세포는 저마다 생김새와 쓰임이 다르다. 그런데 한 유전자에서 나온 세포들이 어떻게 달라질 수 있을까?

세포는 생명유지에 필요한 단백질을 만드는 단백질 제조 공장과도 같다. 특정 단백질이 필요한 경우 전사인자는 설계 정보를 가진 DNA서열에 접근한다. 두 가닥으로 묶여 있는 DNA를 풀고, 유전정보를 인식한 후 단백질을 발현한다. 그런데 DNA에 접근하는 일부터가 만만치 않다.

세포 안 DNA를 떠올리면 염기가 일렬로 연결된 기다란 두 가닥이 먼저 떠오르지만, 실제 DNA는 긴 가닥 주변에 화학작용기와 단백질 덩어리들이 다닥다닥

붙어 있다. 후성유전체는 변하지 않는 DNA 주변에 붙어 있는 모든 변화를 일컫는다. 후성유전체는 크게 두 가지 방향으로 유전자를 억제할 수 있다. DNA에 화학기를 붙여 유전자 인식을 방해하거나 단백질로 꽁꽁 묶어 접근하기 힘들게 만드는 두 가지 방식이다

하나의 세포가 다른 모습으로 분화할 수 있는 것은 이런 후성유전체의 작용 때문이다. 세포의 핵 안에는 매우 안정적인 상태로 한 세트의 DNA가 보관되어 있지만, 후성유전체는 제 각각으로 특정한 환경과 시기에 필요한 유전자에 대한 접근성을 조절해 그때그때 필요한 단백질 생산을 가능하게 한다. 이는 생활 습관 때문에 암에 걸리는 것을 설명해줄 수 있다. 식습관, 운동, 특정 약물에 노출, 환경, 스트레스 등은 암을 일으키는 원인이 되기도 한다. 각각의 것들은 후성유전에 이상을 줄 수 있으며, 암으로 발전할 수도 있는 것이다.

유전자가 하드웨어라면, 후성유전은 '유전자를 조절할 수 있는 소프트웨어'다. 후성유전(epigenetics)의 'epi'는 '넘어서다'라는 뜻이다. 그리고 특정 유전자가 켜지고 꺼지는(on/off) 것을 조절해, 단백질 생성을 특

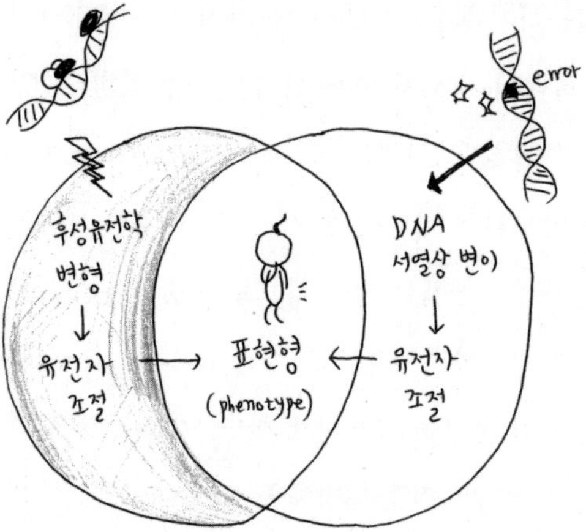


서로 다른 범주에 속한 후성유전 변형과 DNA 변이의 결과가
표현형의 변화로 이어진다.

이적으로 조절한다는 개념을 받아들인다면, 비정상적으로 유전자와 단백질 생성 또는 억제에 이상이 생기는 암 진단법 또는 암 치료제 개발에 후성유전학을 바탕으로 한 메틸화 개념이 적극적으로 연구되었을 것이라 추측할 수 있다. 그러나 현실에서 메틸화가 주목받은 것은 주로 치료제 분야였다. 2020년 기준 미국 FDA에서 승인받는 메틸화 메커니즘을 바탕으로 한 치료제는 2종, 히스톤 디아세틸화 메커니즘을 바탕으로 한 치료제는 5종이다.

## 치료제 vs 바이오마커

메틸화 저해제로 셀진(Celgene)의 비다자®(VIDAZA®, 성분명: azacitidine)가 있다. 비다자®는 골수이형성증후군 치료제로 개발되었다. 골수이형성증후군에 걸리면 골수에 이상이 생겨 비정상적인 백혈구, 혈소판, 적혈구 등이 만들어진다. 이렇게 만들어진 비정상적인 백혈구, 혈소판, 적혈구 등은 쉽게 소멸된다. 골수이

형성증후군은 난치성 질환으로 분류되며, 혈액암인 급성 백혈병으로 바뀌기도 한다. 비다자®는 종양세포에서 DNA/RNA에 결합해 세포독성을 유도하고 DNA 메틸화를 낮춘다. 이렇게 되면 조혈세포의 정상적인 성장을 조절하고 분화시킬 수 있다.

히스톤 디아세틸화 저해제로는 노바티스(Novartis)의 페리닥®(FARYDAK®, 성분명: panobinostat)이 있다. 페리닥® 다발성골수종 치료제로 개발되었다. 혈액암의 일종인 다발성골수종은 비정상적인 형질세포로 인해 발생한다. 페리닥은 HDAC 저해제로, HDAC의 효소활성을 억제한다. HDAC은 히스톤의 라이신(lysine) 잔기에서 아세틸기 제거를 촉매한다. HDAC 활성의 억제는 히스톤 단백질의 아세틸화를 증가시키고, 종양세포에서 셀 사이클 중지(cell cycle arrest)와 세포사멸(apoptosis)을 유도해 암을 치료한다.

비다자®와 페리닥®은 메틸화 메커니즘을 이용하면 급성 백혈병으로 진행될 수 있는 골수이형성증후군, 다발성골수종 등을 타깃하는 치료제가 가능하다는 것을 보여준다. 그러나 가능성에 비해 치료제 연구과 개발이 활발하다고 하기는 어렵다. 메틸화는 암뿐만 아니라 정상 조직에서도 늘 일어난다. 복잡한 현상으로 약물을 이용해 특정 요소만 세밀하게 조절하기가 어렵다. KRAS나 EGFR T790M처럼, 특정 유전자 변이가 있는지 없는지로 딱 떨어지지 않는다. 또 메틸화를 타깃한 약물이 개발되고 있지만, 왜 항암 효과가 나타나는지를 설명할 메커니즘은 아직 여러 가지다. 정확한 메커니즘을 모르는 것이다.

그러나 메틸화 현상을 바이오마커로 활용할 때는 장점이 분명하다. 첫째, 비정상적 메틸화는 암이 생기는 초기 단계부터 보이기 시작해 말기 단계까지 유지된다. 보통 특정 인자는 특정 암 병기 단계에서 각자의 역할을 하는데, 메틸화는 병기 단계와 상관없이 암을 관찰할 수 있는 인자다.

둘째, 정상 조직과 암 조직 사이의 메틸화 패턴에는 뚜렷한 차이가 있다. 암에서만 특이적으로 나타나는 메틸화 패턴을 지정할 수 있다. 이는 진단 바이오마커로 특이도를 높일 수 있는 부분이다.

셋째, 안정성이 높다. 바이오마커로 사용하려면 확

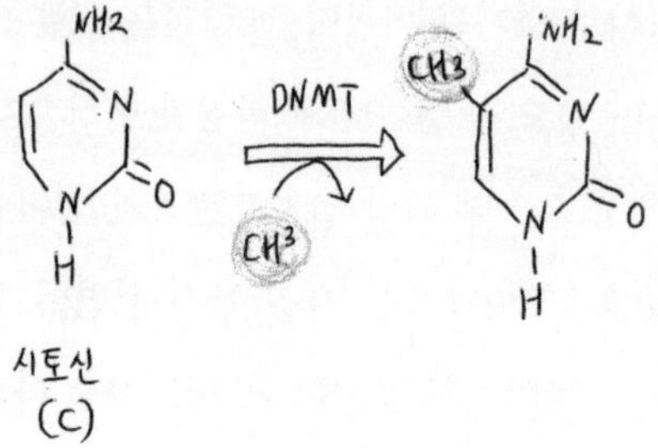


분자 수준에서 시토신(C) 메틸화(위). 암세포에서 프로모터의 특정 부위에 과도한 메틸화가 일어나면, 암을 억제하는 유전자(tumor suppressor gene) 발현이 꺼지면서(off) 종양화로 이어진다(아래).

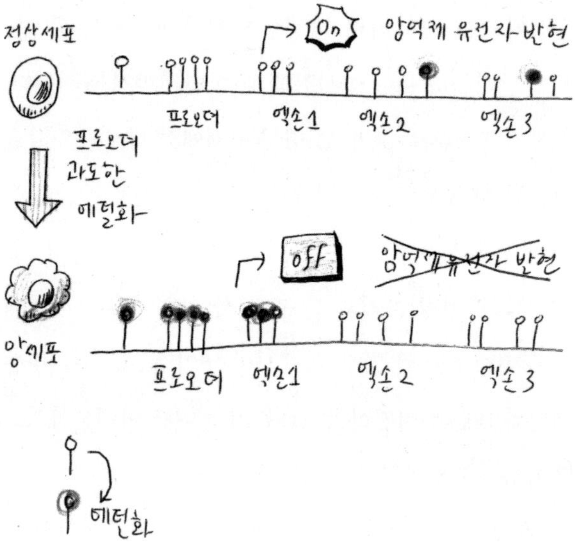

인하려는 특징이 일정 기간 유지되어야 한다. 메틸화 패턴을 보기 위한 DNA 샘플은 상온에 며칠, 길게는 몇 달까지 놓아두어도 성질이 그대로 유지된다. 반대로 단백질 샘플은 추출하는 즉시 차갑게 만들어야 한다. 단백질 구조가 깨지고 효소로 잘리는 것을 막으려면 여러 종류의 약물 처리도 필요하다. RNA는 특히 불안정한데, RNA를 꺼내기 위해 세포를 터뜨리는 순간부터 RNA가 깨지기 시작한다.

넷째, 증폭이 쉽다. 혈액에서 DNA를 꺼내 바이오마커가 있는지 확인하려면 먼저 양을 늘려야 한다. DNA는 다른 바이오마커와 달리 체액에 아주 적은 양만 있다고 해도 PCR 기법으로 쉽게 증폭할 수 있다.

## 지노믹트리

이그젝 사이언스처럼 대장암을 조기진단할 수 있는 키트를 개발하는 기업으로 독일 에피지노믹스(Epigenomics)가 있다. 에피지노믹스는 환자에게 뽑은 혈액에서 메틸화와 DNA 변이를 마커로 삼아 대장암을 찾아내는 조기진단 키트를 개발했다. 2000년대 초중반까지 대장암 조기진단 분야에서 이그젝 사이언스보다 에피지노믹스가 더 인정을 받았다.

2016년 에피지노믹스가 내놓은 에피 프로콜론®(Epi proColon®)은 진단을 받으려는 사람에게서 혈액 10ml를 뽑아 셉틴9(Septin9)라는 메틸화 바이오마커로 대장암을 검진한다. 그러나 임상시험 결과 민감도는 81%, 특이도는 97%였다. 이는 이그젝 사이언스의 콜로가드®보다 나쁜 성적이다. 에피 프로콜론®은 혈액을 검체로 이용하고, 콜로가드®는 검체로 대변을 이용한다. 대변은 대장암세포에서 떨어져 나온 것이지만, 혈액은 대장암에서 유래한 세포가 깨지면서 나온 혈중 순환 DNA를 이용한다는 점에서 민감도가 떨어졌던 것으로 보인다.

2020년 현재 기준 미국에서 에피 프로콜론®의 보험 적용 검토(national coverage determination, NCD)는 1년 째 진행 중이다.(단 수가가 낮은 보험으로 적용받은 것은 가입한 보험에 따라 적용 여부가 결정된다.) 보험회사들이 보험 적용에 소극적인 이유는 민감도가 90%보다 낮기 때문인 것으로 보인다. 혈액 기반 조기진단 키트들이 공통적으로 안고 있는 문제이기도 하다.

한국에서는 바이오테크 지노믹트리가 대장암 조기진단 키트 얼리텍®(EarlyTect®)을 개발했다. 지노믹트리는 대장암 진단키트 개발 초기부터 메틸화 마커에 집중했다. 지노믹트리의 가설은 이랬다. 세포 기능이 망가지는 것을 '병'이라고 정의하면, 단일염기서열 유전자 변이(SNP)는 집단 내 특성을 설명할 뿐이며, 임상적 연관성을 가지는 기능(function)과는 관련이 없을 것이다. SNP는 표현형 변화로 바로 이어질 수 없으며, 기능을 볼 수 있는 RNA 바이오마커는 유전자 변이처럼 0 또는 1이 아니라 발현 양에 따라 달라질 수 있다. 그렇다면 RNA 변화를 상위 인자인 DNA 메틸화로 볼 수 있을 것이다. RNA는 불안정하지만 DNA는 보존력이 좋으니 분석할 때 장점도 있다.

유전자 변이에 기반한 진단법과 비교해, 사업적 측면에서도 장점이 있을 것이었다. 특허법이 바뀌면서 자연에서 유래한 체성 유전자(somatic mutation)는 특허가 안 되지만, 메틸화는 유전자 서열을 변형하기 때문에 특허 범주 안으로 들어간다. 특허권을 가질 수 있는 것이다.

조기진단으로 타깃하는 암은 대장암으로 정했다. 메틸화는 환경적 영향을 많이 받는 암종에서 찾는 것이 좋았다. 유전자 변이와 메틸화가 풍부하게 일어나는 암종은 외부 환경에 노출되는 피부에 많다. 흑색종은 바깥 피부에 나타나는 암이고, 대장암은 안쪽 피부에 나타나는 암이다. 그리고 지노믹트리는 처음부터 조직을 들여다봤다. 정상 조직과 대장암 환자의 조직에서 메틸화 패턴을 비교하고 데이터베이스를 쌓았다.

얼리텍®은 콜로가드®처럼 대변을 검체로 이용하며, 진단의 기준이 되는 바이오마커를 신데칸2(SDC2) 메틸화 한 가지로 고정했다. 대장암과 가장 가까운 곳에서 얻을 수 있는 검체와, 가장 확실하다고 판단되는 바이오마커 한 가지로 진단 키트를 구성한 현실적인 전략이었다.

신데칸2는 세포증식, 세포이동, 세포기질 간 상호작용에 관여하는 인자다. 신데칸2의 메틸화는 대장암 1기부터 4기까지 고르게 나타났다. 대장암 1기와 2기는 97%, 3기는 98%, 4기는 94%까지 발견할 수 있었다. 암이 되기 전의 용종 조직에서도 96%로 높았지만, 정상 조직에서는 신데칸2 메틸화가 보이지 않았다(doi: 10.1016/j.jmoldx.2013.03.004).

연세대학교 세브란스병원 김남규 · 한윤대 교수팀이 진행한 얼리텍® 확증임상 결과, 민감도와 특이도 모두 90.2%로 대장암을 진단했다(doi: 10.1186/s13148-019-0642-0). 0기~2기까지의 대장암 진단 민감도는 89.1%였다. 이는 콜로가드®와 비슷한 성적이다. 콜로가드®가 검진을 위해 대변 전체를 이용하는 것에 비해 얼리텍®은 1~2g 정도면 충분하며, 검사 시간에서도 콜로가드가 26시간®인 것에 비해 얼리텍®은 8시간으로 짧다.

## CMS 리뷰

CMS(Center for Medicare and Medicaid Services)는 미국 공공의료보험이라고 할 수 있는 메디케어와 메디케이트를 담당하는 정부 기관이다. 진단 키트가 메디케어와 메디케이트에 적용되려면 CMS에서 공개의견을 받아야 한다. 에피 프로콜론®은 CMS에서 리뷰를 받을 수 있었다. 30일 동안 공개의견을 받고, 6개월 안으로 보험 적용 여부가 결정된다. 아래는 CMS에 달린 에피 프로콜론®의에 대한 찬성의견 2건과 반대의견 2건을 요약한 것이다.

**[찬성]**

알버타 쉐릴(Alberta Shryl) / 스펙트럼 헬스 병원 근무자

너무 많은 사람들이 다양한 이유로 선별검사를 받지 않는다. 대장 내시경 검사에 대한 접근성이 부족하고, 대변 검사를 하려는 의지가 부족하다. 대장암에 대한 혈액검사가 CMS로 보험이 커버되면 소외계층 및 비수검 인구의 생명을 구할 수 있을 뿐 아니라, 국가의 의료 시스템 비용을 절감할 수 있

을 것이다

헬미 엘토키(Helmy Eltoukhy) / 가던트 헬스 CEO

CRC 스크리닝 검사는 현재의 선별검사 방법으로 NC-CRT(National Colorectal Cancer Roundtable)가 목표로 한 선별검사 비율을 충족할 수 없을 것. 사회·경제적 어려움과 문화적 장벽으로 인해 선별검사를 포기할 가능성이 높다.

혈액 기반 검진은 초기 흡수 및 검진에 대한 지속적인 준수 모두에서 패러다임 전환 가능성을 예고한다. 진료소에 있는 동안 환자와 제공자를 위한 진정한 의사 결정을 가능하게 한다.

혈액 기반 스크리닝 옵션은 늘어난 환자 순응도 및 과도한 샘플 수집 요구로 인해 대변 기반 스크리닝 방식으로는 찾을 수 없는 광범위한 사람들에게 도달할 수 있는 가능성이 있다.

CMS가 암 환자를 위한 최근 차세대 시퀀싱 전국급여결정(NCD)의 관문으로 시판 전 승인(PMA)을 사용한 것처럼 대장암 스크리닝은 PMA 범주로 다루어야 한다.

**[반대]**

토마스 임퍼라일(Thmoas Imperiale) / 인디애나 의과대학 의사

현재 에피 프로콜론®의 성능이 암 민감도는 51~68%이고, 특이도는 79~91%로 특별하지 않다. 굳이 이것이 추가되어야 할 이유가 있나? 불확실한 성능을 가졌지만 편리한 테스트가 추가되면, 의사들이 현재의 옵션을 선택하지 않도록 간접적으로 권하는 상황을 만들지도 모른다. 그러면 더 나은 검사를 선택하지 못할 수도 있다. 혈액검사는 에피 프로콜론® 보다 더 우수한 성능을 가져야 한다.

안드레아 멧쿠스(Andrea Metkus) / 23년 이상 경력의 종양전문의

에피콜론® CRC스크리닝에 부정적임. 공개된 데이터에 따르면 성능이 좋지 않고, 1기 대장암 민감도도 41~61.5%이며, 대부분이 후기 대장암 검사 결과에서 오는 민감도다. 후기 진단은 치료가 불가능하고 비용부담이 제일 크다.

## 프레임 전환

2000년대 초반, 메틸화에 대한 관심은 높아졌다. 암세포에서 전반적인 DNA 메틸화가 낮아지면서, 암과 관련된 단백질 활성화를 높이거나 염색체의 불안정성을 높인다는 연구가 발표되기 시작했다. 메틸화는 특정 유전자를 발현하게 하거나, 발현하지 못하게 하는 장치다. 폐암, 유방암, 대장암 등 여러 종류 암에 걸린 환자를 대상으로 연구한 결과 APC, BRACA1, DAPK1, GSTP1 등의 유전자가 메틸화되어 있었다는 결과도 있다(doi: 10.1200/JCO.2004.07.151).

현재는 암세포에서 메탈화는 전반적으로 적게 일어나면서(global hypomethylation), 특정 부분에서는 과도하게 일어난다는(regional hypermethylation) 상반된 두 가지 변화를 보이면서 암화를 일으킨다고 대략적으로 얘기할 수 있게 되었다.

한편 DNA 서열에서 메틸화 변화를 볼 수 있는 PCR 기법이 개발되었다. 1996년 스테판 베일린(Stephen B. Baylin) 존스홉킨스대 교수는 MSP(methylation specific PCR) 기술개발에 대한 내용을 『미국 과학원 회보(*Proceedings of the National Academy of Sciences of the United States of America, PNAS*)』에 발표했다. MSP 기술을 이용하면 극소량의 샘플로도 메틸화 변화를 찾아낼 수 있으며, 심지어 이미 박제된 파라핀 샘플을 이용해서도 MSP 분석이 가능하다.

그런데 메틸화 변화에 대한 과학적 이해가 높아지고 상용화할 수 있는 기술이 개발되자, 이를 바탕으로 한 치료제 개발 쪽으로 관심이 쏠리기 시작했다. 새로운 사실이 밝혀지고 기술이 개발되면, 그것을 이용해 치료제를 만드는 것을 상상하는 것이 자연스러워 보이기도 한다. 그러나 이는 연구자를 가두고 있는 프레임일 수 있다. 치료제 개발 최종 목적은 환자를 살리는 것이다. 그러니 개발해야 하는 것은 치료제가 아니라 환자를 살리는 데 도움을 주는 모든 것이어야 한다. 이렇게 생각하는 것은 프레임을 깨는 일이다.

보통 바이오마커로 DNA, RNA, 단백질을 꼽는다. 다만 RNA는 불안정해 마커로 쓰기에 어려우며, 단백질의 경우 양이 부족한 것이 문제다. 그런데 DNA는 RNA

에 비하면 안정적이고, PCR 기술을 이용하면 양을 늘릴 수 있다. DNA는 바이오마커로 쓰기 좋다. 바이오마커로 DNA가 적당하듯, DNA에 생기는 메틸화도 바이오마커로 쓰기에 좋다.

지노믹트리는 신데칸2 변이를 진단 키트에 적용한다. 지노믹트리는 대장암 환자와 건강한 사람에서 조직 샘플을 채취해 DNA 메틸화 패턴을 비교했다. 당연한 것처럼 보이지만, 그리 당연한 행동은 아니다. 연구자들은 사람에서부터 무언가를 시작하는 것에 익숙하지 않다. 세포로 먼저 실험하고, 동물모델로 실험하고, 그 다음에 사람으로 넘어가는 '실험 순서'에 익숙하다. 그런데 지노믹트리는 곧바로 사람으로 넘어갔다. 부작용이나 독성이 문제되지 않는 진단 키트라면, 굳이 세포실험과 동물실험을 거쳐 갈 필요가 없었다. 환자인 사람의 특징부터 확인하러 가면 되는 터였다.

만약 지노믹트리가 세포실험이나 동물모델부터 시작했다면 진단 키트로 가는 길을 접었을 수도 있다. 실험을 설계하고, 데이터를 뽑아내는 과정에서 관계없는 결과값이 나왔다면, 서둘러 기대를 접었을 것이다. 그러나 실제 환자에게서 DNA 메틸화에 차이점이 나타났다.

## 확장성

메틸화 바이오마커의 가능성은 대장암을 넘어 다른 암종으로 확장되고 있다. 이그젝 사이언스는 간암과 췌장암에서 긍정적인 데이터를 얻고 있다. 대장암과 비슷한 접근법이다. 가장 앞선 것은 간암이다. 이그젝 사이언스는 간암 조기진단이 필요한 이유를 숫자로 표현한다. 정기적으로 간암 조기진단을 받을 경우, 3년 후 환자 10명 가운데 6명이 산다. 정기적인 간암 조기진단을 받지 않으면 절반인 3명만 살 수 있다.

이그젝 사이언스와 메이요 클리닉은 2019년 11월 AASLD 학회에서 혈액을 기반으로 간암 환자의 85~90%를 차지하는 간세포암종(hepatocellular carcinoma, HCC)을 조기진단한 결과를 발표했다. 혈액에서 6개의 바이오마커를 분석해 얻은 결과다. 연구팀은 137명의 HCC 환자와 313명의 대조군에서 혈액을 채취해 4개

| | early-stage positives (n=73) | early-stage sensitivity (95% CI) | total positivity (n=137) | all-stage sensitivity (95% CI) | specificity |
|---|---|---|---|---|---|
| 6-marker panel | 52 | 72.2% (59.4-81.2%) | 100 | 80.3% (72.6-86.6%) | 90.0% |
| AFP 20ng/mL | 18 | 24.7% (15.3-36.1%) | 58 | 42.3% (33.9-51.1%) | 97.4% |

간세포암(Hepatocellular carcinoma) 대상 6개 마커 패널과 AFP 20ng/mL 민감도

의 MDM과 2개의 단백질 마커(lectin-bound AFP)를 사용해 간암을 진단하고, 일반적으로 간암 진단에 사용되는 AFP(alpha-fetoprotein) 검사와 비교했다. AFP 검사는 전체 병기(stage)에서 민감도 42.3%, 특이도 97.4%를 보였고, 조기 단계에서 민감도 24.7%를 보였다.

이그젝 사이언스와 메이요 클리닉이 개발하고 있는 진단법은 전체 병기에서 민감도 80.3%, 특이도 90.0%를 보였고, 조기 단계에서 민감도 71.2%를 나타내며, AFP 대비 2배 이상의 민감도를 보였다. 아직까지 장단점이 있지만, 기존 진단법과 함께 사용하는 방향도 가능하다.

이그젝 사이언스는 2019년 5월 메이요 클리닉과 개발하고 있는 혈액 기반 췌장암(pancreatic ductal adenocarcinoma, PDAC) 진단 결과를 DDW 2019(Digestive Disease Week 2019)에서 발표했다. 췌장암을 혈액에서 진단하는 데 사용하는 마커인 CA19-9와 메틸화 DNA 마커(methylated DNA markers, MDM) 13개(GRIN2D, CD1D, ZNF781, FER1L4, RYR2, CLEC11A, AK055957, LRRC4, GH05J042948, HOXA1, PRKCB, SHISA9, NTRK3)

를 같이 사용해 340개의 샘플(PDAC 170개, 대조군 170개)을 분석했다. 혈액에서 PDAC에 대한 민감도(sensitivity)는 92%(83~98%), 특이도(specificity)는 92%의 결과를 보였다. PDAC 병기별로는 1기 79%, 2기 82%, 3기 94%, 4기 99%의 민감도를 나타냈다. 이 결과는 CA19-9 단독이나, MDM 단독보다 더 효과적인 것이다. 연구팀에 따르면 CA19-9는 조기진단에 사용하기에는 신뢰할 수 없는 마커다.

## 비전

메틸화를 바이오마커로 활용해 암을 진단하는 방식의 장점은 확장성이다. 혈액에서 암과 관련된 메틸화 바이오마커를 활용할 수 있는 방법을 찾아낸다면, 암 진단에 새로운 국면을 맞이할 수 있을 것이다. 대장암과 대변의 관계는 특수하다. 대변은 대장암과 관련된 데이터를 많이 갖고 있으면서 구하기 쉽다. 반대로 대부분의 다른 암에서는 이런 특수 관계에 있는 진단 시료를 구하

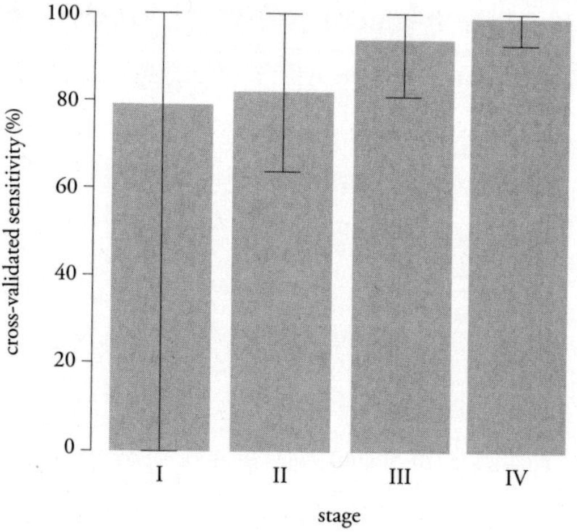

100
80
60
40
20
0
cross-validated sensitivity (%)
I
II
III
IV
stage

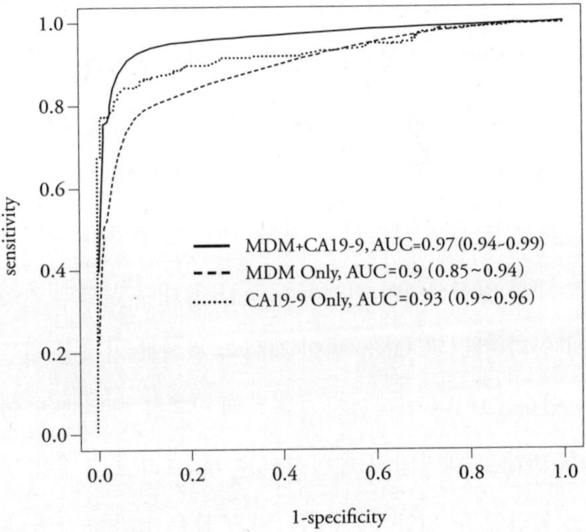


이그젝 사이언스가 DDW 2019에서 발표한 혈액 기반 췌장암 진단(MDM-CA 19-9 패널) 결과. 왼쪽은 췌장암(PDAC) 병기 단계별 특이도, 오른쪽은 AUC 결과를 나타낸다.

기 어렵다. 폐암, 간암 등 웬만한 암에서는 이 정도로 밀접한 관계를 가지면서 이 정도로 구하기 쉬운 시료가 없다. 그러나 혈액만큼은 이런 관계를 형성할 수 있다. 혈액은 모든 장기와 만나니, 혈액 안에서 암과 관련된 메틸화를 확인할 수 있는 물질을 찾아 평가할 수 있는 방법을 개발한다면 문제를 해결할 수 있을 것이다.

지금까지 혈액을 바탕으로 한 암 조기진단 연구는 DNA 변이 분석을 향했다. 바이오마커를 찾는 것도, 분석하는 도구를 개발하는 것도, 대규모 투자가 일어나고 대형 임상시험이 진행되는 것까지, 대부분 혈액 안에서 암과 관련된 DNA 변이 사이의 관계를 가정한 것들이었다. 그러나 아직까지 명확하게 성과를 거둔 것은 없다. 반대로 대장암과 메틸화의 관계, 그리고 그것을 당장 확인할 수 있는 PCR 기술의 조합은 성과를 보였다. 더 싼 가격으로, 더 편한 방법으로, 대장암을 진단하는 것은 현실이 되어가고 있다.

암 진단과 치료제 연구에서 DNA 변이의 중요성은 강조되어 있다. 옳은 강조지만, 옳음을 강조하는 것보다 중요한 것은 문제를 해결할 수 있는 기회가 왔을 때 유연합을 발휘하는 것이다. 하고자 하는 것이 암을 진단하고 치료제를 개발하는 것이라면, 어떤 방법을 쓰든 암을 진단하고 치료제를 개발할 수 있는 확률이 더 높은 것을 채택해야 한다. 궁극적인 목표는 암을 진단하고 치료제를 개발하는 것이기 때문이다.

메틸화 바이오마커로 암을 진단해낼 수 있다면, 치료제를 고르는 영역까지 넓힐 수 있을 것이다. 지금까지 바이오마커 기반의 항암제는 어떤 유전자 변이를 갖고 있는지에 초점이 맞춰져 왔다. ALK, EGFR, RET, RAS 등 염기서열 상에 유전자 변이를 갖고 있는가 여부로 치료제를 선택했다. 그러나 특정 단백질 기능에 영향을 주는 것으로 유전자 변이만 있는 것은 아니다. 암에서 빈번히 일어나는 메틸화를 바이오마커로 치료제를 처방하는 모습도 상상해볼 수 있다.

적은 양의 혈액을 이용하는 암 진단 키트는, 마지막에는 도달해야 하는 목표가 될 것이다. 피를 뽑아, 피 속에 있는 DNA 변이나 메틸화를 측정하고, 이를 바탕으로 암을 찾아낼 수 있다면, 암으로 인한 사망률을 극적으로 낮출 수 있을 것이다. 혈액 검사는 가장 많이 이용되는 방식이라, 검사를 받는 사람에게도 친근해 수검률은 올라갈 것이다. 자주 받을 수 있으니 암 발병 초기에 찾을 수 있을 것이고, 암이 어느 정도 진행되더라도 말기로 가기 전에 잡아낼 확률도 높다. 여기에 비용까지 낮출 수 있다면, 더할 나위 없이 좋은 보건 시스템을 만들 수 있을 것이다. 초대형 사기극으로 밝혀진 엘리자베스 홈즈(Elizabeth Holmes)와 테라노스의 에디슨은 사람들의 이런 기대를 반영한 것이라고 볼 수 있다. 피 한 방울로 250가지 질병을 찾아낼 수 있다는 홈즈의 말에 사람들이 속아 넘어간 것은, 결국 진단을 연구하는 사람들이 도달하고 싶은 마지막 꿈을 홈즈가 말했기 때문이다. 비록 홈즈와 테라노스, 그리고 에디슨은 사기극으로 끝났지만, 그레일(Grail)과 같은 많은 바이오테크들은 혈액을 기반으로 하는 진단법 개발에 도전하고 있다.

꿈을 잃어버려서는 안 되지만, 무엇을 딛고 서 있는지 확인하는 것도 중요하다. 이그젝 사이언스의 콜로가드® 성공은, 발을 딛고 서 있는 곳을 인정하면서부터 시작할 수 있었다. 진단법, 조기진단 키트를 개발하는 대부분의 바이오테크가 DNA 변이를 찾아내겠다는 원대한 꿈을 쳐다보고 있을 때, 이그젝 사이언스는 메틸화에 집중했다. 대부분의 바이오테크가 DNA 변이를 읽어내는 NGS 기술을 기대하고 있을 때, 이그젝 사이언스는 이미 보편적으로 사용하고 있는 PCR 기술을 활용할 것을 고민했다. 이런 점에서 한국의 바이오테크 지노믹트리는 우리가 발 딛고 있고 서 있는 땅을 제대로 인정하고, 그 인정에서 시작한 사례라고 할 수 있다.

## 보론

### 그레일

2016~2017년 미국 기준으로 말기 암 환자의 절반 정도는 치료제를 선택하기 위해 암 유전체 검사를 받았다. 그렇다면 혈액 안에 있는 암세포 유래 DNA(circulating tumor DNA, ctDNA) 등의 유전자 변이를 검사해서 초기 1~2기 암이나 암이 본격적으로 시작하는 전암(pre-cancer) 단계의 환자도 찾을 수 있지 않을까? 일반인을 대상으로 정기적인 검사로, 암이 본격적으로 진행되기 전에 치료한다는 컨셉의 예방치료(preventative care)다.

암 조기진단에서 빼놓을 수 없는 주제는, 혈액을 이용한 다중암(pan-cancer) 조기진단이다. 유전자 시퀀싱 기술 시장에서 성과를 보여주고 있는 일루미나(Illumina)는 2016년 1월 혈액 기반의 액체생검 연구 분야를 스핀오프(spin-off)해 그레일(Grail)을 세우겠다고 밝혔다. 환자가 아닌 일반인을 대상으로 매년 혈액검사를 하고, 이를 바탕으로 암 환자를 찾아내겠다는 비전이었다.

2017년 일루미나는 JP모건헬스케어컨퍼런스에서 새 유전체 염기서열 분석 플랫폼을 소개하면서 '차세대 염기서열(NGS) 분석 100달러 시대'를 예고했다. NGS 분석 장비가 처음 나타난 것은 2005년이었고, 2013년 일루미나는 미국과 유럽에서 첫 의료용 NGS 장비인 MiSeqDx를 승인받았다. 일루미나에서 스핀오프한 그레일이 1만 명의 정상인과 암 환자를 대상으로 한 임상시험에서 초고감도 NGS 분석법으로 혈액에 떠다니는 유전정보(cell-free nucleic acid, cfNA)를 분석해 대규모 데이터베이스를 구축하겠다는 선언은 가능해 보였다.

이미 2016년에 그레일은 CCGA(Circulating Cell-free Genome Atlas)라는 이름의 임상 연구를 시작했다(NCT02889978). 2017년 유방암 환자 12만 명을 대상으로 하는 STRIVE 임상도 환자 모집에 들어갔다(NCT03085888).

막대한 규모의 임상시험을 위해 그레일은 3년 동안 16억 1,500만 달러(약 1조 9,150억 원)라는 자금을 모았다. 메드테크(medtech) 분야에서 전례가 없던 일이었다. 빌 게이츠와 아마존 설립자인 제프 베조스의 벤처투자사인 베조스익스피디션스(Bezos Expeditions)도 투자자로 참여했다.

그레일이 CCGA 임상을 시작하고 3년이 지났다. 임상시험 참여자는 1만 명에서 1만 5,000만으로 늘어났고, 2022년에 끝날 예정이던 임상시험은 2024년까지로 미뤄졌다. 그리고 그레일과 액체생검 암 조기진단의 초기 임상시험 결과가 하나둘 발표되고 있다. 그레일이 발표한 임상시험 결과와 비교해보면, DNA 메틸레이션 분석기술을 적용해 암이 어느 조직에서 유래했는지 추가로 분석했다는 점에서 기술적 진보가 있었다. 그레일은 2017년 후성유전학 분석기술을 가진 시리나(Cirina)를 인수하기도 했다.

먼저 ASCO 2019에서 발표한 결과를 보자. 그레일은 암이 전이되지 않은 1~3기에 걸친 12개 암종을 대상으로 한 CCGA 임상의 중간 결과를 발표했다. 직장암, 대장암, 식도암, 위암, 두경부암, 호르몬수용체 음성 유방암, 간암, 폐암, 난소암, 췌장암, 다발성골수종, 림프계종양(lymphoid neoplasms)에서다. 이 암종들은 미국에서 암으로 사망하는 사람의 63%가 걸리는 암이다.

임상시험 결과 전체 암에서 민감도는 59~86%, 특이도는 99%가 넘었다. 암이 유래한 조직을 제대로 찾은 정확성 지표는 90% 정도였다. 긍정적인 임상 결과라는 평가를 받았지만, 넘어야 할 벽도 보였다. 그레일이 공략하고 있는 것은 현재 진단 기술로는 찾기 어려운 초기 암이다. 그런데 민감도를 병리 단계별로 나눠서 보면 1기는 34%, 2기 77%, 3기 84%, 4기는 92%였다. 특이도가 높아 정상인을 암 환자라고 진단하는 오류가 낮다고 하더라도, 검사를 받는 1기 암 환자는 3명 가운데 1명에서만 암을 찾을 수 있다는 뜻이다. 양성예측도와 음성예측도를 고려하면 스펙을 더 높여야 한다.

ESMO 2019 발표에서는 암종이 20개로 늘었다. 각각 1만 5,000명과 10만 명을 대상(원래 계획보다 2만 명 줄었다)으로 진행하는 CCGA 스터디와 STRIVE 스터디 결과를 합친 결과다. 임상 결과 민감도는 1기 32%, 2기 76%, 3기 85%, 진행성 전이암인 4기에서는 93%, 특이도는 99.4%였다. ASCO 2019에서 발표한 것과 비슷한 결과였다. 또한 암이 유래한 조직을 찾은 정확성은

89%였다.

## NGS vs PCR

그레일의 비전대로 일반인을 대상으로 주기적인 혈액검사로 암을 조기진단하면, 경제성이 있어야 한다. 가성비로만 보자면 이그젝 사이언스나 지노믹트리가 이용하는 PCR 검사법이 적당하다. PCR 검사법은 간단하고, 싸고, 민감도가 높으며, 여러 사람의 시료를 한꺼번에 처리할 수 있다. 진단 키트의 핵심인 샘플을 빠르게 처리해(high-throughput) 결론을 내릴 수 있다.

그러나 그레일처럼 NGS를 기반으로 유전자의 모든 서열을 검토하는 분석법은 가격이 비싸다. 일반인을 대상으로 정기적으로 진행하는 검사법이 비싸다면, 그에 맞는 보상이 있어야 한다. 이런 이유로 한 번에 여러 가지 암을 진단하는, 다중암 진단으로 방향을 잡게 된다.

이를 해결하려면 데이터를 쌓고 분석하는 방법이

최선이었다. 암 환자 몇 만 명의 데이터를 NGS 분석법으로 정리하고, 다시 일반인 데이터와 비교해서 다른 점을 찾아내는 방향으로 임상시험을 진행했다. 그러나 충분한 성과를 얻지는 못했다. 그레일은 여기에 다시 메틸화 정보값을 넣어서 분석하려고 하지만, 처리해야 하는 정보의 양이 늘어났다. NGS 기술의 발전을 좀더 기다릴 필요가 있다.

또 다른 문제는 샘플링(sampling)이다. 액체생검으로 다중암 조기진단을 할 때 가장 큰 장벽은 샘플링이다. 혈액 안에 있는 매우 적은 양의 종양 DNA를 찾아야 하고, 이를 다시 증폭시켜, DNA 변이를 정확하게 읽어야 한다. 문제는 혈액 안에 들어 있는 종양 DNA의 양이 너무 적다는 점. 분석을 해도 민감도가 떨어진다. 특정 바이오마커에 대한 민감도가 95%이고, 100명에게 각각 혈액 10~20ml씩을 뽑아서 진단하면, 95명에게서 바이오마커가 검출되어야 한다. 그런데 초기 암 환자의 혈액에는 유전자 변이를 일으킨 ctDNA가 아주 적은 양만 있다. 심지어 1기 암환자의 50%, 2기 암환자의 30%는 변이된 ctDNA가 검출되지 않았다(대부분 VAF[variant allele frequency]: 0.1~1% 사이). 초기 암에서는 민감도가 떨어질 수밖에 없다.

단기간에 이 문제를 해결하려면 혈액을 많이 뽑는 수밖에 없다. 암 액체생검 조기진단 기업인 프리놈(Freenome) 연구진이 bioRxiv에 발표한 연구 결과에 따르면, 최첨단 ctDNA 분석 기술로 유의미한 민감도를 얻으려면 적어도 150~300ml의 혈액이 필요하다(doi: 10.1101/237578). 우유팩을 가득 채울 만큼의 혈액을 뽑아야 하는 것이다. 현재 기준으로 통계학적 계산과 물리적 한계를 고려하면, ctDNA만을 이용한 혈액 기반의 암 조기진단 상업화는 당분간 어려워 보인다. 프리놈 연구진은 엑소좀, 순환종양세포(circulating tumor cells, CTC), ctDNA 후성유전체, 대사체(metabolite)를 같이 분석할 것을 제안했다. 그러나 이는 NGS와 다중암 조기진단이 불가능하다는 뜻은 아니다. 기술의 발달로 NGS 검사 비용은 싸질 것이고, 다중암 조기진단을 해내는 방법을 찾아낼 것이다.

현재로서는 유전자 변이와 후성유전학적 바이오마커를 합쳐서 분석하는 것이 합리적일 것이다. '어떤 마커가 더 우월한가?'보다는, '어떻게 해야 더 나은 결과를 낼 수 있을 것인가?'로 시선을 돌릴 필요가 있다.

## 액체생검 다중암 조기진단의 현실적인 접근법

액체생검 암 조기진단 분야에서 긍정적인 결과를 내고 있는 프로젝트로 CancerSEEK을 꼽을 수 있다. NGS가 아닌 PCR, 단백질 등 다중마커 전략, 특이도를 99% 이상 높이는 전략으로, 존스홉킨스대 연구팀이 개발한 제품으로 2018년 『사이언스(*Science*)』에 임상결과를 발표했다(doi: 10.1126/science.aar3247). 존스홉킨스대 연구팀은 논문에서 CancerSEEK의 차별성으로 세 가지 포인트를 꼽았다. 첫째, 조기진단의 특이성을 높이는 전략으로, 위양성(false-positive)을 최소화하는 방향이다. 암에 걸렸는지 여부를 정확하게 알 수 있는, 1차 진단검사로 개발하는 데 무게를 둔 것이다. 의사 입장에서 보면 CancerSEEK 검사로 후속 조치가 필요한 환자에게 추가 검진을 하게 된다.

둘째, 암을 조기진단할 뿐만 아니라 암의 위치를 추적할 수 있는 디자인이다. 지금의 액체생검 조기진단의 컨셉으로는 암을 찾는다고 해도, 어느 조직에서 유래했는지 알기 어렵다. 같은 돌연변이가 다른 부위에서 암을 일으킬 수 있기 때문이다.

셋째, CancerSeek은 PCR 기반 검사법이다. 비용부담이 적다. 연구팀은 논문에서 테스트 비용으로 500달러 선으로 제시했는데, 이는 대장 내시경보다 싸다. 참고로 미국 기준 NGS 검사비용은 2018년 현재 3,000~6,000달러다.

연구팀은 DNA로는 COSMIC(Catalog of Somatic Mutations in Cancer) 데이터베이스를 이용했고, PCR 분석법으로 찾았다. 41개의 단백질 후보를 찾아, 결과적으로는 DNA 마커 16개와 단백질 8개를 골랐다. 이 조합을 CacnerSEEK이라 부른다. 임상시험 대상은 암 전이가 일어나지 않은 1~3기 유방암, 대장암, 간암, 폐암, 식도암, 난소암, 췌장암, 위암 환자 1,005명과, 건강한 피험자 812명이었다. 이들의 혈액 샘플을 후향적(retrospective)으로 분석했다. 이들 8개 암종은 미국 암 환자

사망의 60%를 차지한다.

임상시험 결과 8가지 고형암종에서 민감도 중간값은 70%였다. 가장 낮은 수치는 유방암 민감도 33%였고, 가장 높은 값은 난소암에서 민감도 98%였다. 여전히 위음성(false-negative)은 높았다. 특이도는 99%보다 높았다. 건강한 피험자 812명 가운데 7명이 위양성(false-positive) 결과를 얻었다. 병기 단계별로 보면 1기 43%, 2기 73%, 3기는 78%였다. 단 1기 간암에서 민감도는 100%로 높았다고 설명했다.

발표한 데이터만 보면 초기 암에서 CancerSEEK의 민감도는 그레일보다 약간 높은 수준이다. 다만 CancerSEEK이 후향적 연구이고 그레일은 전향적 연구 결과라는 점에서, 증명을 하면서 동시에 임상개발을 하는 모델로 볼 수 있겠다. 둘 다 모두 특이도는 99% 이상으로 높다. 정상인이 암으로 오진 받을 위험을 최대한 낮추기 위해서다. 암이 유래한 조직을 찾기 위한 방법을 찾고 있다는 점에서 전략도 비슷하다. 환자가 암이 있다고 판정받았는데 어떤 암인지 모른다면, 암을 찾는 기존 검사법을 모두 받아야 하는 혼란이 생길 위험을 줄이기 위함이다.

트리브얼리어텍션(Thrive Earlier Detection)은 CancerSEEK의 독점적인 라이선스를 들여와 제품 개발과 상업화에 나섰다. 트리브얼리어텍션은 서드락벤처스(Third Rock Ventures) 등으로부터 1억 1,000만 달러를 투자받았는데, 서드락벤처스는 진단기기 개발 바이오테크에 잘 투자하지 않던 곳이다. 트리브얼리어텍션에 이그젝 사이언스도 투자자로 참여했다.

## 롤러코스터

새로운 기술의 개발과 상업화 사이에는 커다란 강이 있다. 매일 첨단 기술이 쏟아져 나오지만, 실제로 문제를 해결하는 기술이 되기까지는 건너야 할 넓은 강이 있는 것이다. 바이오 분야도 마찬가지다. 기술과 현실 사이의 공간을 균열이라는 의미의 '캐즘(Chasm, 협곡 또는 깊은 골)'이라고 부른다. 캐즘을 넘지 못한 기술은 사라진다.

미국의 자문 및 기술 정보 회사인 가트너(Gartner)는 기술의 하이프 사이클(hype cycle) 이론을 만들었다. 기술이 나오고 상용화되는 과정까지 기대감이 일정한 패턴을 보인다는 것. 기술이 완성되려면 시간, 비용, 위험, 이를 극복하기 위한 노력이 따른다는 것이다. 하이프 사이클이 현실을 얼마나 잘 반영하는가에 대해서는 논란이 있지만, 신기술이 나오더라도 흥분하지 말고 찬찬히 바라봐야 한다는 관점을 제시한다는 것만으로도 의미가 있다. 하이프 사이클은 5단계로 구분된다.

1단계: 새로운 기술이 주목받기 시작하는 촉발 시기(technology trigger). 초기 개념입증(proof-of-concept) 단계로 언론이 대중의 흥미를 유발한다. 단 사용 가능한 제품이 없고 상업성이 입증되지 않았다.

2단계: 기대감이 최고조에 이르는 버블(peak of inflated expectations). 초기 성공 사례와 수많은 실패 사례가 나온다. 몇몇 기업들은 이를 해결하려는 조치를 취하기 시작하지만, 대부분은 현상유지 상태다.

3단계: 여러 실험과 구현, 상업화 등이 실패하면서 관심이 꺼지는 단계(trough of disillusionment)다. 다만 개선이 이뤄지는 초기 제품에 투자가 이뤄진다.

4단계: 기술이 실제 어떤 이점을 갖고 올 수 있는지에 대한 여러 예시가 나오고, 더욱 알려지는 단계(slope of enlightenment)다. 기존 제품의 단점을 보완한 2세대와 3세대 제품이 나오기 시작한다. 수많은 투자가 이뤄진다.

5단계: 혁신 기술이 주류가 된다(plateau of productivity). 다양하게 응용되고 시장이 넓어지고, 성과가 난다. 틈새가 있다면 시장은 계속 성장한다.

## RNAi

하이프 사이클을 보여주는 예로 RNAi(RNA interference) 기술과 항체-약물 접합체(antibody-drug conjugate, ADC)를 들 수 있다. 4단계를 지나 5단계로 접어들기 시작하는 기술이다. RNAi 분야를 쇼어 캐피탈(Shore capital) 분석 자료와 타라 라빈드란(Tara Raveendran) 분석 자료로 살펴보자.

1단계: 1998년, 앤드류 파이어(Andrew Zachary Fire)와 크레이 그멜로(Craig Cameron Mello)가 RNAi를 처음 발견, 2006년 노벨상 수상.

2단계: 2001년부터 포유류에서 RNAi를 적용하기 시작. 2004년 첫 RNAi 임상시험(NCT00722384). OpKO health에서 개발한 VEGF 타깃 RNAi Can5 (bevasiranib). 앨라일람도 2005년 폐렴 치료를 위한 viral RNA를 타깃하는 ALN-RSV01과 간암을 치료하기 위해 VEFG, KSP를 타깃하는 ALN-VSP02등을 개발하기 시작.

3단계: 머크(MSD)가 RNAi 선두주자인 Sirna Therapeu-

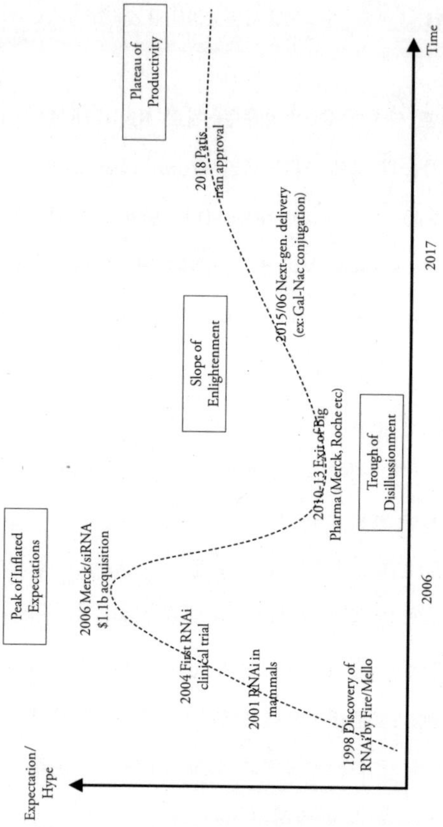


RNAi(RNA interference) 신약의 하이프 사이클

tics를 11억 달러에 인수하는 등 M&A 딜.

4단계: 2000년대 초중반, 임상에 들어갔던 후보물질이 실패하면서 거품이 꺼짐. RNAi 약물을 안정적으로 전달하는 기술의 부재로, 임상시험에서 좋은 결과를 얻지 못함. 2015년 새로운 유전자 전달기술 'Gal-NAc(N-Acetyl-galactosamine)' 등이 개발되면서 결국 2018년 앨라일람이 hATTR 아밀로이드증에 대해서 온파트로(ONPATTRO, patisiran)를 첫 RNAi 치료제로 미국 FDA 승인 획득. 이어 2019년 급성 간성 포르피린증(Acute Hepatic Porphyria, AHP)에 대한 RNAi 치료제로 기브라리™(GIVLAARI™, 성분명: givosiran)도 FDA 승인(doi: 10.1038/mtna.2011.9).

5단계: 후속 RNAi 약물이 임상에서 계속해서 좋은 결과를 내고, 차세대 기술이 모색되며, 여러 후보물질이 상업화에 가까워짐. 팽창을 시작하는 단계. RNAi 상업화에 대한 기대감을 보여주는 딜. 2019년에 일어난 가장 큰 계약은 RNAi 후보물질에 대한 계약. 노바티스는 상업화를 앞두고 있는 메디슨스(The Medicines Company)를 97억 달러에 인수하면서, 나쁜 콜레스테롤(LDL-C)를 낮추는 고지혈증 약물 '인클리시란(inclisiran)'을 확보. 인클리시란은 1년에 두 번 피하투여하는 RNAi 치료제로 임상3상에서 저밀도 지단백 콜레스테롤(LDL-C)을 50% 넘게 줄였으며, 안전성과 내약성 확인. 인클리시란은 2019년 말 미국 FDA에 신약허가 서류를 제출해 검토 단계. 2024년 매출액은 약 16억 달러에 이를 것이라는 예상.

II

# 동반진단
# 파운데이션 메디슨과 가던트헬스

Foundation Medicine & Guardant Health

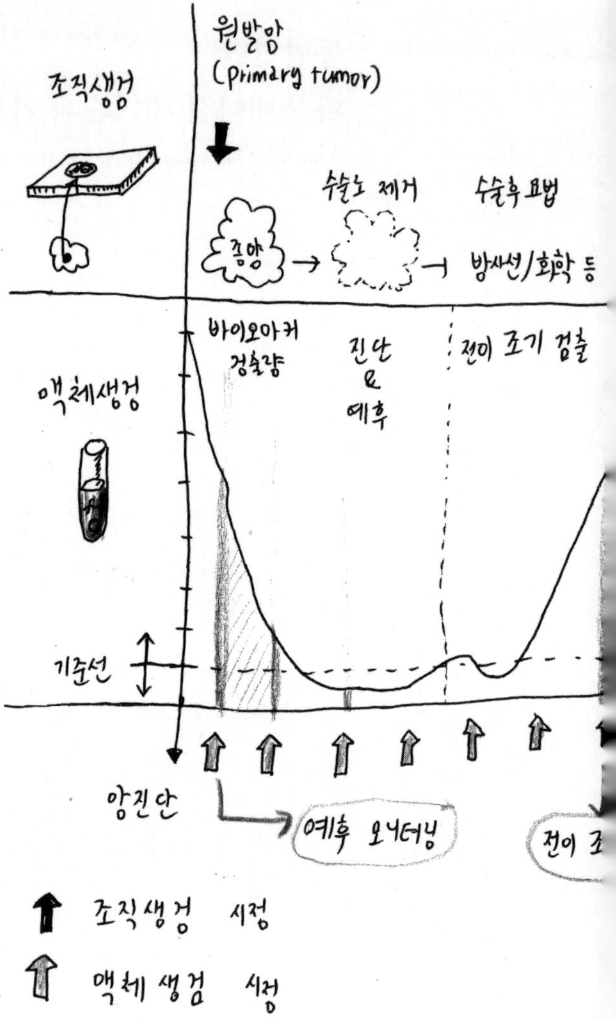

원발암
(primary tumor)
조직생검
수술로 제거
수술후 요법
종양
방사선/화학 등
바이오마커
검출량
진단
&
예후
전이 조기 검출
액체생검
기준선
암진단
예후 모니터링
전이 조
조직생검 시점
액체 생검 시점

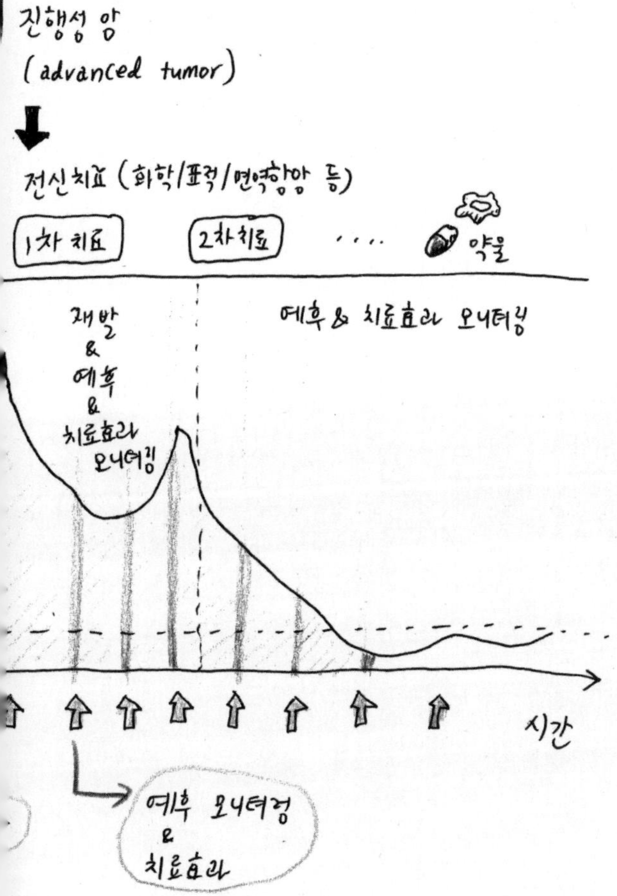
진행성 암
(advanced tumor)
전신치료 (화학/표적/면역항암 등)
1차 치료
2차 치료
....
약물
재발
&
예후
&
치료효과
모니터링
예후 & 치료효과 모니터링
시간
예후 모니터링
&
치료효과

## 로슈와 파운데이션 메디슨

전 세계적 규모의 제약기업 로슈는 동반진단 포트폴리오를 갖추려 노력한다. 그 시작은 2000년대 후반에 있었던 세 번의 이벤트였다. 2007년 로슈는 바이오베리스(BioVeris)를 6억 달러에 인수한다. 진단 분야에서 면역화학(immunochemistry) 기술을 확보하는 차원이었다. 로슈는 전부터 PCR 기술과 분석기기 포트폴리오를 넓히고 있었는데, 마이크로어레이(microarray) 기술을 가진 님블젠 시스템(NimbleGen Systems)을 2억 7,250만 달러에 인수하면서 유전체 분석 기술을 강화했다. 병을 일으키는 유전적 변이 연구에 속도를 내려는 목적이었다. 2008년 로슈는 조직 기반의 진단 플랫폼을 갖추기 위해 벤타나(Ventana Medical Systems)를 34억 달러에 인수했다. 암을 진단하고 치료제를 투여할 때 조직을 들여다보는 트렌드가 있었던 것은 아니었지만, 로슈는 비싼 타깃 항암제를 유전자 변이가 있는 환자에게 투여하는 전략이 암 진단 시장에서 중요해질 것이라 예상했다.

로슈는 옳았다. 2010년대 초부터 제약 산업계에서

는 적절한 환자에게 적절한 약물을 투여하자는, 정밀의학(precision medicine) 컨셉이 나오기 시작했다. 2010년 파운데이션 메디슨(Foundation Medicine)은 차세대 염기서열 분석법(next-generation sequencing, NGS) 기술을 바탕으로 '환자의 암 유전자 변이 수백 개를 한꺼번에 진단하는 것을 보급하겠다'는 비전을 밝히며 나타났다. 2007년 브로드 연구소(Broad Institute researcher)의 레비 개러웨이(Levi Garraway, 2020년 현재 로슈 최고의학책임자)와 매튜 메이어슨(Matthew Meyerson)은 '고속도의 인간 암 유발 유전자 변이 프로파일링(High-throughput oncogene mutation profiling in human cancer)'이라는 논문을 『네이처(*Nature*)』에 발표한다. 238개 DNA 변이를 한꺼번에 찾는 패널 검사법을 다룬 논문이었다.

당시만 해도 수백 개의 변이를 검사한다는 것은 낯선 생각이었다. 2011년 미국 FDA가 승인한 10개 항암제 가운데 2개만 동반진단 DNA 테스트를 함께 승인했다. 이때 동반진단은 한 가지 표적 치료제(targeted therapy)를 투여할 수 있는지 보기 위해, 하나의 유전자 변이를 테스트하는 식이었다. 2011년 승인받은 로슈의 BRAF 저해제 젤보라프®(Zelboraf®, 성분명: vemurafenib)는 흑색종 환자 종양에서 BRAF V600E 변이가 있는지 알아보는 동반진단 테스트를 한 다음, 변이 양성 결과가 나오면 투여받는다. 비소세포폐암에서 흔하게 나타나는 EGFR 변이도, 의료진이 비소세포폐암 환자를 진단한 다음 exon19 삽입 등의 변이 여부를 알 수 있는 동반진단 테스트를 하고 양성 반응이 나오면 타세바, 이레사, 타그리소 등을 처방한다. 미국 FDA가 2014년 신약개발과 동반진단 개발을 의무화하는 가이드라인을 발표한 점을 고려하면, 동반진단 개발이 활발해진 시기를 어느 정도 짐작해볼 수 있다.

파운데이션 메디슨은 세 가지 변화를 눈여겨봤다. 첫째, DNA 서열 검사 비용이 빠르게 낮아지고 있었다. 둘째, 암 유전자에 대한 새 데이터가 쏟아지고 있었다. 셋째, 암을 일으키는 특정 암 변이를 타깃한 신약 개발 시도가 늘고 있었다. 파운데이션 메디슨이 시작할 때 임상 개발 단계에 있는 900개 신약 가운데 1/3은 DNA 검사나 분자 테스트로 더 적합한 환자를 고를 수 있었다.

파운데이션 메디슨은 2012년 상업화된 FoundatioOne CDx를 내놓는다. 고형암 환자의 암 조직을 포매·고정(formalin-fixed paraffin embedded, FFPE)한 샘플에서 DNA를 광범위하게 분석해 암 관련 유전자 변이 315개(2020년 8월 기준 324개로 늘어남)를 한 번에 찾아주는 pan-암(pan-cancer) 진단 테스트다. 2013년 같은 컨셉으로 혈액암 환자 대상 400개 이상의 DNA 변이와 250개 이상의 RNA 변이를 찾는 FoundationOne Heme을 내놓았다(가격은 각각 5,800달러와 7,200달러). 파운데이션 메디슨은 진단 범위에 들어가는 수백 개의 유전자 변이를 '실행 가능한 변이(actionable mutation)'라고 부른다. 실행 가능한 변이는 환자 종양에서 발견한 DNA 변화인데, 환자의 치료 반응에 영향을 미칠 수 있는 변이다. 약물 반응성을 미리 가늠할 수 있는, 예측 바이오마커 개념에 가깝다.

FoundationOne CDx는 의료진에게 필요하다. 의료진이 환자 조직으로부터 받을 수 있는 값은 4가지다. ① 환자의 종양 조직에서 어떤 유전자 변이를 찾을 수 있는지, ② 각 유전자 변이에 따라 FDA 승인 약물 가운데 어떤 항암제를 처방할 수 있는지, ③ 다른 암종에서 승인받은 것으로 해당 변이를 타깃할 수 있는 어떤 항암제가 있는지, ④ 아직 시판되지 않았지만 이를 타깃하는 임상개발 약물이 있는지다. 의료진은 분석 결과를 가지고 환자에게 적절한 표적 항암제를 처방하거나, 기존 치료법을 바꾸거나, 환자가 임상시험 참여하는 것을 제안할 수 있다. FoundationOne CDx는 제약기업도 필요하다. 적절한 환자를 선정해 임상을 진행하기 때문에 임상 성공률을 높일 수 있고, 비용과 시간을 줄일 수 있으며, 시판허가를 앞당길 수 있다.

FoundationOne CDx는 2017년 FDA로부터 승인받은 첫 포괄적 게놈프로파일링(comprehensive genomic profiling, CGP) 제품이며, FDA 승인을 받은 날 4기 고형암 환자 대상 메디케어 지정도 받았다. 같은 해 FoundationOne CDx는 1억 5,290만 달러어치가 팔렸다. 공보험 적용 범위가 확대되고 사보험 적용 범위도 늘어난 덕분이었다. 그러나 더 중요한 것은 가능성이다. 로슈는 2015년 파운데이션 메디슨과 R&D 협력을 시작하면서 지분을 56.3% 갖고 있었고, 2018년에는 파운데이션 메디슨의 잔여 지분을 주당 137달러(총 24억 달러 규모)에 모두 인수했다. 전날 FMI의 종가에 29%의 프리미엄을 더한 값으로, 로슈는 파운데이션 메디슨의 전체 가치를 53억 달러로 평가했다. 2020년 8월 기준, FoundationOne으로 유전자 변이를 진단해 처방할 수 있는 암종은 최소 7개, 표적 항암제는 21개다. 종양변이부담(TMB) 바이오마커 기반으로 첫 승인을 받은 키트루다®(Keytruda®, 성분명: Pembrolizumab)부터, PARP 저해제 린파자®(Lynparza®, 성분명: olaparib), MET exon 14 스키핑 변이를 타깃하는 MET 저해제 타브렉타®(Tabrecta®, 성분명: capmatinib) 등 조직 기반의 표적 치료제가 Foundation One 동반진단 테스트와 함께 FDA 시판허가를 받았다.

로슈는 암 정밀진단 포토폴리오 확장과 함께 표적 치료제 인수도 진행한다. 2017년 NTRK, ROS1 표적 항암제를 개발하는 이그니타(Ignyta)를 17억 달러에 인수했으며, 2020년 블루프린트 메디슨(Blueprint Medicines)에서 RET 저해제 공동개발 및 상업화 권리를 계약금 1억 7,500만달러, 총 규모 17억 달러에 인수했다.

| 진단 테스트 | 암 | 항암제 |
|---|---|---|
| Cobas EGFR Mutation CDx | 비소세포폐암 (NSCLC) | Tarceva(erlotinib) |
| | | Tagrisso(osmertinib) |
| | | Iressa(gefitinib) |
| FoundationOne CDx | 비소세포폐암 (NSCLC) | Gilotrif(afatinib) |
| | | Iressa(gefitinib) |
| | | Tarceva(erlotinib) |
| | | Tagrisso(osmertinib) |
| | | Alecensa(alectinib) |
| | | Xalkori(crizotinib) |
| | | Zykadia(ceritinib) |
| | | Tafinra(dabrafenib) |
| | | Tabrecta(capmatinib) |
| | 흑색종 | Tafinla(dabrafenib) |
| | | Zelboraf(vemurafenib) |
| | | Menkist(trametinib) |
| | 유방암 | Herceptintrastuzumab) |
| | | Perjeta(pertuzumab) |
| | | Piqray(alpelisib) |
| | | Kadcyla(ado-trastuzumab emtansine) |
| | 대장암 | Erbitux(cetuximab) |
| | | Vectibix(panitumumab) |
| | 난소암 | Rubraca(rucaparib) |
| | | Lynparza(olaparib) |
| | 담관암종 | Pemazyre(pemigatinib) |
| | 전이성 거세 저항성 전립선암(mCPRC) | Lynparza(olaparib) |
| | 고형암(TMB≧10 변이/mb) | Keytruda(pembrolizumab) |

기존 동반진단 검사와 FoundationOne의 비교 (FDA 승인 동반진단 기준)

## 비소페포폐암의 세분화

염기 서열분석법이 발달하면서 암은 유전자 변이에 따라 세분화(segmentation)되고 있다. 이전에는 암이 생기는 부위가 기준이 되어 항암 치료를 했다면, 암이 가진 특징에 맞게 치료하는 변화다. 특정 변이(바이오마커)가 있는 환자만을 타깃해 타깃 치료제를 처방한다면 약물 반응률을 높일 수 있고, 소모적인 의료비 지출도 줄일 수 있다.

전체 고형암종에서 바이오마커를 기준으로 처방하는 항암제도 나온다. 록소온콜로지의 TRK(Tropomyosin receptor kinase) 저해제 비트락비®(Vitrakvi®, 성분명: larotrectinib)는 NTRK 융합 변이를 가진 고형암 환자에게서 75%의 높은 반응률을 얻어 2018년 바이오마커 기반 항암제로 미국 FDA 승인을 받았다. 2019년 비트락비와 같은 적응증으로 NTRK 융합 변이를 가진 고형암에 대해 78% 전체반응률을 확인하며 ROS1 양성 전이성 비소세포폐암 치료제로, 로슈의 TRK 저해제 로즐리트렉®(Rozlytrek®, 성분명: entrectinib)이 승인 받았다.

현재 정밀의학적 치료에 가장 가까워진 것은 비소세포폐암이다. 비소세포폐암 환자에게서 나타나는 바이오마커에 따라 처방하는 약물이 달라지고, 치료 반응도 달라진다. 중요한 전환점은 미국 종합 암 네트워크(National Comprehensive Cancer Network, NCCN)가 2014년 비소세포폐암에서 NGS 검사로 EGFR, ALK 유전자 변이 검사를 처음으로 권고한 것이었다. 모든 암을 통틀어서 처음으로 유전체 분석을 권고했다. 2020년 현재 NCCN는 비소세포폐암 환자에게서 약물로 타깃 가능한 8개 변이(EGFR, ALK, ROS1, BRAF, MET[amplication, exon 14 skipping], RET, ERBB2, NTRK)를 검사할 것을 권고하고 있다.

이는 비소세포폐암 암종에만 적용되는 개념은 아니다. 췌장암(PDAC)은 고형암 가운데서도 치료가 극히 제한적인 악성 고형암종이다. 그런데 암을 쪼갠다면 상황이 달라진다. 췌장암 환자에게서 나타나는 약물 타깃이 가능한 변이로 MET은 3%, ROS1은 1%, NTRK는 6%, FGFR는 6%, PI3K는 6%, KRAS는 7%, DDR 결함은 24% 등이 있다(doi: 10.1158/1078-0432.CCR-16-

2411). 이렇게 암을 세분화해서 치료제를 처방하는 접근법은 췌장암 환자에게 희망이 되고 있다. 아스트라제네카는 생식세포에 BRCA 변이를 가진 췌장암 환자에게 PARP(poly ADP ribose polymerase) 저해제인 린파자® 를 투여하는 임상시험에서 병기진행을 유의미하게 늦춘 결과를 얻었고, 2019년 말 미국 FDA로부터 시판허가를 받았다.

## 키트루다, 폐암 1차 치료제로 투여 시 5년 후 생존률 23.2%

면역을 활성화해 암을 없애는 컨셉의 면역관문억제제는, 진행성 비소세포폐암 치료 개념을 바꿔놓고 있다. 머크(MSD)는 키트루다®를 1차 치료제로 투여받은 환자 5년 후 생존률이 23.2%라는 결과를 미국 임상종양학회(ASCO) 2019에서 공개했다. 보통 3b기~4기 단계에 있는 비소세포폐암 환자군이다. 이는 키트루다®의 효능과 안전성을 평가한 최장기간 데이터다. 면역항암제를 쓰기 이전 폐암 환자가 5년 후까지 생존하는 것은 보기 드문 일이었다. 기존 폐암 환자의 5년 후 생존률은 5%로 낮은 수준이었다. 키트루다®는 기존 치료법 대비 특정 환자군에서 생존률을 크게 개선했다.

이번에 발표한 데이터는 2011년에 시작한, 키트루다®가 폐암 치료제로 승인받은 근거가 됐던 KEYNOTE-001 임상 1b상 결과다(NCT01295827). 당시는 면역항암제가 나오기 전이었고, 임상시험에 참여한 진행성/전이성 비소세포폐암 환자 대부분은 전신투여 약물이나 타깃 치료제를 투여받았다. 임상시험에 비소세포폐암 환자 550명이 참여했는데 이 가운데 101명이 면역항암제를 첫 투여받은 환자(treatment-naïve), 449명이 이전에 치료제를 투여받았던 환자였다.

2018년 12월을 기준으로 키트루다®를 투여받은 비소세포폐암 환자의 생존기간 중간값은 60.6개월이었고, 전체 환자 가운데 18%가 생존해 있었다.

키트루다® 투여로 혜택을 보는 환자는 1차 치료제로 투여받거나 PD-L1 바이오마커 발현이 높은 환자였다. 키트루다®를 첫 약물로 투여받은 경우 5년 후 생존률이 23.2%로, 이전에 약물치료 후 키트루다®를 투여받은 환자는 15.5%였다. 따라서 키트루다®에 반응성을 보일 환자를 골라내는 것이 중요하다.

머크는 IHC 22C3 pahrmDx를 이용해 종양비율점수(TPS)를 계산했으며, PD-L1 고발현 환자는 50%를 기준으로 나눴다. PD-L1 바이오마커로 나누자 키트루다를 첫 투약받은 환자 가운데 PD-L1 발현이 높은 경우(TPS≥50%) 생존률은 29.6%, PD-L1 발현이 낮은 경우(TPS 1~49%) 생존률은 15.7%였다. 이전 치료제를 투여받은 환자에게도 PD-L1 발현에 따른 차이가 났다. PD-L1 고발현 환자의 경우 생존률이 25%, TPS 점수가 1~49%인 경우 생존률이 12.6%, TPS 점수가 1%보다 낮은 경우 생존률은 3.5%였다.

| | n | 36-mo OS rate, % | 60-mo OS rate, % |
|---|---|---|---|
| Treatment-naive | 101 | 37.0 | 23.2 |
| TPS≧50% | 27 | 48.1 | 29.6 |
| TPS 1%~49% | 52 | 27.5 | 15.7 |
| Previously treated | 449 | 20.9 | 15.5 |
| TPS≧50% | 138 | 30.4 | 25.0 |
| TPS 1%~49% | 168 | 16.9 | 12.6 |
| TPS<1% | 90 | 11.1 | 3.5 |

키트루다® 투여 비소세포폐암 환자의 5년 후 생존률 추적

## 면역항암제 키트루다와 PD-L1 바이오마커

동반진단 개념은 유전자 변이에만 국한되지 않는다. 종양에서 발현하는 단백질 등 분자 기반의 동반진단의 사례를 보자. 2010년대 중반 면역항암제 경쟁에서 개발 속도로 앞섰던 BMS의 옵디보®(Opdivo®, 성분명: Nivolumab)를 머크(MSD)의 키트루다®가 제칠 수 있었던 결정적인 이유는 PD-L1 바이오마커 선정 기준이었다.

비소세포폐암 1차 치료제 세팅에서, BMS는 니볼루맙을 테스트하는 CheckMate-026 임상3상에서 PD-L1 발현 기준을 5%로 설정했다. 이 기준으로 선정한 환자에게서는 표준 화학항암제 대비 우수성을 입증하지 못했다. 머크(MSD)는 비소세포폐암 환자 대상 KEYNOTE-010 임상3상에서 PD-L1 기준을 50%로 높게 잡았다. 표준 화학항암제 대비 무진행생존률(PFS)과 생존기간(OS)을 유의미하게 늘린 결과를 바탕으로 2016년 FDA로부터 비소세포폐암 1차 치료제 승인을 받는다. BMS는 머크를 따라잡으려고 다른 바이오마커를 설정하거나 병용요법 등을 시도했지만 연이어 실패했다.

2020년에 들어서야 옵디보®와 여보이® 병용투여로 비소세포폐암 1차 치료제 시장으로 들어올 수 있었다.

이는 진단의 중요성을 보여주는 사례다. 예측 바이오마커는 현장에서 면역항암제 투여 대상을 진단하는 기준이다. 머크처럼 엄격한 기준으로 임상을 시작할 수도 있지만, BMS처럼 환자군을 넓히기 위해 상대적으로 낮은 기준을 잡고 시작하는 것도 틀린 말은 아니다. 일단 승자는 머크였지만, 임상 결과가 나오기 전까지 승패 여부는 알 수 없다.

키트루다® 하나를 투여하는 상황에서도, 동반진단 방법과 기준은 계속 달라질 수 있다. 암종에 따라 사용하는 진단법이 다르고, 양성이라고 판단하는 PD-L1 발현 기준도 다르다. 암에 따라 PD-L1을 발현하는 양상이 다르고(어떤 암은 PD-L1을 많이 발현하지만, 어떤 암은 PD-L1 발현이 낮다), 특정 암에서는 PD-L1 발현이 아닌 MSI-H/dMMR 변이 등 다른 인자가 약물 반응성을 결정짓는 요인이 될 수 있기 때문이다.

따라서 키트루다® 투여 환자를 진단하는 방법은 진화하고 있다. 2012년 생명과학 분야 분석기기 및 서비스에 특화된 에질런트는 조직 기반의 암 진단을 하는 선두업체 다코(Dako)를 22억 달러에 인수해 암 진단 분야에서 입지를 넓혔다. 그리고 머크는 2014년 애질런트 테크놀로지(Agilent Technologies) 자회사 다코와 PD-L1 동반진단 키트를 개발하기로 협약했다.

이후 키트루다가 KEYNOTE-001 임상 결과를 기반으로 비소세포폐암 2차 치료제로 승인받는 2015년, PD-L1을 50% 이상 발현하는 동반진단 키트인 PD-L1 IHC 22C3 pharmDx가 처음으로 출시됐다. 비소세포폐암 환자 암 조직(4~5μm 두께)을 얻어 포르말린-고정 파라핀-포매(FFPE) 과정을 거쳐 조직 샘플을 얻는다. 이를 PD-L1에 결합하는 항체를 이용한 면역조직화학염색법(IHC)으로 염색해, 병리학자가 종양 세포에서 일정 수준 이상의 강도(intensity)를 띄는 것을 PD-L1 양성으로 체크한다. 이때 조직에서 PD-L1 발현을 측정하기 위해 적어도 100개의 살아 있는 종양세포(viable tumor cell)가 올라와 있어야 한다. 컨셉이 단순하지만 일관성 있는 결과를 얻기 위해 키트를 구성하는 요소가 10개다. 연구자 사이의 오차를 줄이기 위해 최소 18

개의 체크리스트를 확인해야 한다. 결과는 TPS(tumor proportion score)라는 값으로 산출되며, 종양세포에서 발현하는 PD-L1만 측정한다.

PD-L1 바이오마커는 단순히 다른 암종으로 확장될 수 있는 개념은 아니다. 머크와 애질런트는 위암과 위식도접합부(GEJ) 등 특정 암에서는 키트루다® 반응성을 예측하는 종양세포 내 PD-L1이 높게 발현하지 않는다는 것을 관찰했다. 위암 환자 대상 KEYNOTE-012 초기 임상1b상에서는 TPS 기준이 효과적이지 않다는 것을 확인했다. TPS라는 바이오마커가 다른 암종에서도 똑같이 적용될 수 없다는 뜻이다. 시행착오 끝에 종양조직 내 침투해 있는 면역세포에서 PD-L1 발현이 높다는 것을 관찰했다. 종양미세환경 내 침투해 면역을 억제한다고 알려진 종류의 대식세포(macrophage)와 림프구(lymphocyte) 등의 세포였다. 이렇게 도입하게 된 것이 환자의 종양조직에서 종양세포와 대식세포, 림프구가 발현하는 PD-L1을 모두 측정하는 CPS(combined positive score) 점수다.

머크는 위암 환자 대상으로 키트루다® 단일요법

을 3차 이상 치료제로 투여하는 KEYNOTE-059 임상시험에서 PD-L1 발현을 CPS 점수 1이라는 기준으로 선정했다. 250명이 넘는 환자 가운데 약 58%에 해당하는 143명에게 CPS 점수가 1이 넘게 나왔다. 머크는 143명 환자에게 키트루다 투여 결과 전체 반응률(overall response rate, ORR) 13.3%라는 결과를 얻었다. 구체적으로 부분반응(partial response, PR)은 11.9%, 완전반응(complete response, CR)은 1.4%였다(doi: 10.1177/1756284819869767). 2017년 머크는 CPS 1% 이상 발현하는 재발성, 진행성 위암 및 위식도접합부 환자 대상으로 키트루다®를 승인 받는다. 이후 두경부 편평세포(HNSCC)와 자궁경부암 등 CPS 점수 1을 기준으로 키트루다® 시판허가도 받았다. 2020년에는 악성 고형암종인 전이성 삼중음성유방암(TNBC) 대상 KEYNOTE-355 임상에서 CPS 점수 10을 기준으로, 표준 화학요법 대비 1차 충족점인 무진행 생존기간(PFS)을 유의미하게 개선시켰다. 임상시험에서 약 38%의 환자가 CPS 점수 10 이상이었다.

암종에 따라 다른 동반진단 개발 전략을 세우고, 적

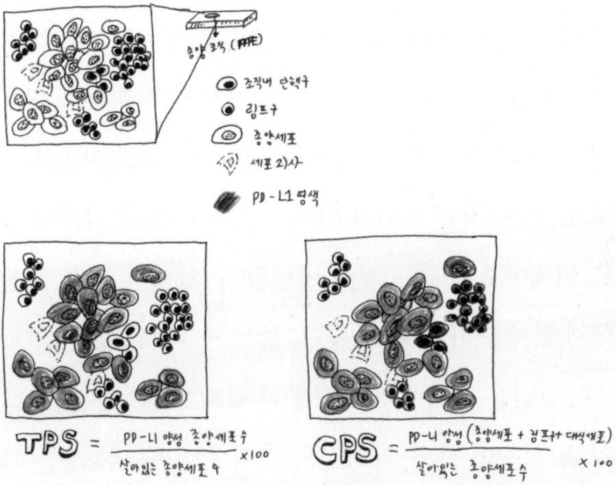


조직에서 PD-L1 발현을 측정하는 TPS와 CPS 점수 비교

절한 환자를 고르는 바이오마커 연구는 필수가 되었다. 2020년 8월을 기준으로 환자에게 키트루다®를 투여하기 전 진단에 사용하는 바이오마커는 PD-L1, MSI-H/dMMR, TMB-H 세 가지다. 현재 면역항암제 시장에서 사용되는 동반진단 키트는 애질런트의 pharmDx, 벤타나의 Ventana PD-L1 어세이가 있다. 머크와 BMS가 전자를 이용하고 로슈와 아스트레제네카가 후자를 이용한다. 머크와 BMS는 같은 pharmDx 키트지만 PD-L1 항체서열에서는 차이가 있다. 같은 PD-(L)1 약에서 다른 어세이를 쓴다는 것이 어색할 수 있지만, 같은 시장에서 얼마를 가져갈 것인가를 놓고 경쟁하는 것이다.

진단은 임상시험의 성공과 실패를 나누는 결정적인 요소이며, 시판 후 약물의 시장 규모를 결정짓는 기준이다. 제약기업은 개발 초기부터 어떤 바이오마커로 동반진단 키트를 개발할 것인지 고민해, 의료 현장에서 처방되기 시작하면서 동시에 동반진단 키트를 승인받는 것이 이상적이다. 바이엘과 록소 온콜로지(LOXO Oncology)의 라로트렉티닙(larotrectinib, LOXO-101)은 '매우 드물게 발생하는 NTRK 융합 변이'라는 바이오

| Key anti-PD-L1 antibodies in Oncology | | |
|---|---|---|
| **Anti-PD-L1 antibody** | **Company** | **PD-L1 Diagnstic Test** |
| Nivolumab | BMS | PD-L1 IHC 28-8 PharmDx Assay |
| Pembrolizumab | Merck | PD-L1 IHC 22C3 pharmDx kit |
| Atezolizumab | Genentech.Roche | Ventana PD-L1 (SP142) assay |
| Durvalumab | AstraZeneca | Ventana PD-L1 (SP263) assay |
| Avelumab | EMD Serono/Pfizer | NA |

마커 기반 고형암 대상 항암제다. 임상 데이터가 좋아 2018년 FDA 시판허가를 받았지만, 2020년 현재까지 동반진단 키트가 없어 시장이 확대되지 못하고 있다.

### 액체생검

액체생검(liquid biopsy)은 혈액 내 종양세포에서 유래한 핵산이나 암세포 등을 이용해 암을 진단하려고 한다. 2010년대 들어 유전자 분석 기술이 발달하면서 액체생검 분야도 빠르게 발전했다. 현재는 혈액으로 치료제를 투여받는 환자를 고르기 위해 수백 개의 변이를 한꺼번에 진단하고, 혈액으로 암을 조기진단하는 임상 개발도 활발하다.

2016년 6월 첫 액체생검 진단(liquid biopsy test) 제품이 FDA 승인을 받았다. 로슈의 혈장 내 cfDNA 기반 EGFR 변이를 찾는 '코바스® EGFR 변이 검사 버전 2(cobas® EGFR Mutation Test v2)'였다. 버전1은 2013년 출시되었는데, 비소세포폐암 환자의 FFPE 암 조직에서 DNA를 얻어 PCR 분석으로 EGFR 변이(exon 19 결실과 L858R 치환 변이)를 확인했다. 암에서 EGFR 변이가 일어나면 종양 성장과 증식 등을 촉진하는데, 변이 여부를 테스트해 이를 가진 환자에게 EGFR 효소 작용을 억제하는 항암제를 투여한다. 버전 1, 버전 2 모두 비소세포폐암 환자가 1차 치료제를 받기 전 EGFR 변이를 검사해 exon 19 결실 또는 L858R 치환 변이가 있을 때, EGFR를 억제하는 타세바®(Tarceva®, 성분명: erlotinib) 등을 처방할 수 있게 돕는 동반진단 제품이다.

그러나 조직생검 기반 동반진단 제품만 있었을 때 종양내과 의사 550명을 대상으로 조사한 결과, 약 25%의 환자가 EGFR 변이 테스트를 받지 못하는 상황이었다. 상태가 안 좋은 환자에게는 EGFR 변이를 보는 분자검사를 하기 위해 수술로 환자의 암 조직을 떼어내는 것이 위험하고, 수술로 떼어내기 어려운 부위에 종양이 있는 경우도 있었다. 의사와 환자 모두 부담스러운 결정이다. 비소세포폐암 환자 4명 가운데 1명 꼴로 타세바를 투여받을 수 있는지 테스트하는 기회조차 얻을 수 없었다. 그런데 버전2가 나오자 종양 조직을 얻지 못했던 환자나 상태가 나쁜 환자도 치료를 받을 수 있는 기회가 생겼다. 미국과 유럽에서 비소세포폐암 환자 중 EGFR 변이를 가진 비율은 10~20%지만, 아시아 환자의 경우 EGFR 변이가 30~40%로 높게 발생한다.

2020년 현재 기준, 코바스 EGFR 변이 검사 버전 2는 EGFR TKI(tyrosine kinase inhibitors) 약물 타세바® 와 이레사(Iressa®, 성분명: gefitinib), 이 약물을 투여받고 재발한 T790M 변이를 가진 환자에게 투여하는 타그리소®(Tagrisso®, 성분명: osimertinib)의 동반진단 키트로도 쓰인다. 특히 더 넓은 변이를 막고, 부작용을 줄인 타그리소®가 출시되고 비소세포폐암 치료에 많은 진전이 생겼다. 2019년 아스트라제네카는 비소세포폐암 1차 치료제로 타그리소를 투여하자, 환자의 사망위험이 20% 줄어 EGFR TKI 계열 약물로는 처음으로 생존기간(OS)을 늘린 데이터를 확인했다고 발표했다. 이어 2020년 초기 1B~3A기 비소세포폐암 환자가 수술을 받은 직후 타그리소를 2년 동안 투여 받자 표준 화학요법을 투여받은 환자 대비 질병이 재발하거나 환자가 사망할 위험이 83%나 낮아졌다. 고무적인 결과였다. 우수한 데이터

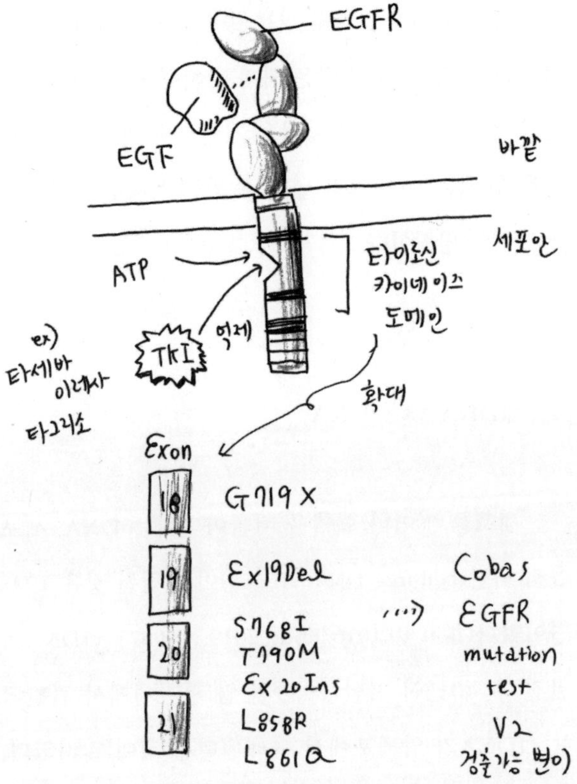


코바스 EGFR 변이 테스트 버전 2로 찾을 수 있는 EGFR 변이 종류

를 바탕으로 임상3상은 2년 일찍 종료됐다. 그러나 이 모든 것은 EGFR 변이를 찾는 동반진단 검사가 선행돼야 가능한 일이다. 더 많은 환자가 혜택을 볼 수 있도록 종양 조직뿐만 아니라 혈액을 기반으로 치료제를 투여받을 수 있는, 치료 폭을 넓힐 수 있는 액체생검 암 진단은 당연한 방향이다.

## cfDNA vs ctDNA

세포를 벗어나 혈액을 떠돌아다니는 DNA, 세포유리 핵산(cell-free DNA, cfDNA)이 발견된 것은 1948년이었다(doi: 10.1016/j.bdq.2019.100087). cfDNA의 발견 후 40년이 지난 1989년 암 환자에게서 관찰되는 cfDNA가 암세포에서 유래된다는 것이 알려졌다. cfDNA는 암 질환과 염증 질환 등 질환에 걸린 세포뿐만 아니라 정상 세포에서도 유래된다. 보통 cfDNA가 나오는 경로는 세 가지로 이해된다. 예고된 죽음인 '세포사멸(apoptosis)'이나 갑작스러운 죽음인 '세포괴사

(necrosis)', 뚜렷한 이유는 모르지만 살아 있는 세포가 능동적으로 DNA 조각을 분비하는 경로다.

순환종양 DNA(circulating-tumor DNA, ctDNA)는 말그대로, 혈액에 떠다니는 DNA 조각 가운데 암세포에서 유래한 것들이다. cfDNA보다 더 좁은 개념이다. 종양세포의 유전적 및 후성유전학적 특징을 반영하고 있어 치료제를 선택하는 동반진단과 재발 환자를 모니터링하고 치료제 선택을 돕는 예후진단에 사용되며, NGS 기술이 발달하면서 조기진단에 사용하려는 시도가 활발해지고 있다. 조기진단에 적용해 정상인의 cfDNA와 ctDNA를 비교하기 때문에 cfDNA라는 용어가 폭넓게 쓰인다. 다만 암 초기 단계에는 혈액 내 ctDNA 양이 매우 적다.

### 액체생검, 보완재 vs 대체재

치료제를 선택하는 표준 기준(gold standard)은 조직생검이다. 조직생검이 가능하다면 우선 순위는 조직생검이고, 액체생검은 이를 보완하거나 대안으로 쓰이는 개념이다. 의료진의 판단에 도움을 주는 추가 정보다. '보완'은 정보의 양을 늘려주거나, 조직생검에 필요한 조직을 얻을 수 없을 때 사용한다는 뜻이다. 유럽종양학회(ESMO)나 NCCN도 조직생검을 하기 어려운 암종이나 충분한 양을 얻지 못했을 때 액체생검 방식을 권고하고 있다. 그런데 전체 암 환자의 20~25%를 차지한다. 액체생검을 연구하는 가던트헬스(Guardant Health)는 조직생검의 한계를 이렇게 정리했다.

- 부작용: 시료를 얻는 과정에서 부작용이 생긴다. 기흉(13.5%), 인공호흡이 필요한 호흡부전(5.8%), 출혈(1.5%) 등 조직생검으로 인한 부작용이 발생했다(doi: 10.1016/j.cllc.2016.07.006).
- 기간: 검사 결과가 나오기까지 한 달 정도 시간이 걸린다. 미국을 기준으로 환자에게 조직생검을 하기로 결정하고 실제 검체를 채취하는 시술까지 11일 정도가 걸린다. 이후 채취한 검체로 유전자 시퀀싱을 하는 데까지 다시 2주 정도 걸리므로, 대략 한 달 정도가 걸리는 셈이다. 진행이

빠른 암종의 경우 한 달은 환자 치료에서 귀한 시간이고, 환자 입장에서도 검사 결과를 한 달 정도 기다려야 한다는 것은 쉽지 않은 일이다. 한국의 경우도 빠르면 2주, 외국으로 조직을 보내 분석해야 하는 경우 최대 두 달 정도가 걸린다.

- 실패율: 조직생검 실패율은 약 30~40% 정도다. 검체를 얻는다고 해도 해당 검체에서 충분한 종양 DNA를 얻지 못하기도 한다. 한편 검체를 얻는 부위를 잘못 선정하거나, 검체를 채취해 검사를 진행하는 과정에서 실수가 끼어들 여지도 있다. 뇌암이나 췌장암처럼 검체를 얻는 것 자체가 어려운 경우도 있다.
- 가격: 2016년 미국 기준 폐암 조직생검 비용은 평균 1만 4,000달러다. 여기에 NGS 비용을 더하면 2만 달러가 넘어간다. 미국에서는 높은 비용 때문에 조직생검을 포기하는 비율이 40%에 이른다.
- 접근성: 뼈나 뇌로 암이 전이되거나 초기암의 경우 조직생검이 어렵다.
- 이질성(heterogenous): 암은 변이를 일으킨다.

한 부위에서 검체를 채취해 검사를 했다고 해도 다른 곳에서 변이를 일으켰다면 정확한 값을 얻기 어렵다.

조직생검의 근본적인 한계점은 종양조직 내 이질성(heterogeneity)과 약물 처리에 따라 종양이 변하는 진화(evolution) 또는 약물 내성(resistance)이다. 암은 그 자체가 변이다. 변이는 시간적, 즉 암의 병기가 진행될수록 확대된다. 공간적으로도 마찬가지다. 암이 발병한 곳에서 커지든지, 암이 멀리 떨어진 곳으로 전이되면 다양하고 복잡하게 변이를 일으킨다. 암의 진단이 어떤 변이가 어떻게 일어났는지 찾아내는 것이라면, 특정한 부위의 조직을 들여다보는 것만으로는 충분하지 않다.

비소세포폐암 환자 102명을 대상으로 한 연구에서, 암 진화(cancer evolution)가 일어나는지 추적했다. 관찰 후 2주까지는 조직생검과 액체생검 결과가 100% 같게 나왔지만, 2개월이 지나자 조직생검 결과와 반복 측정한 액체생검 결과가 92%만 같게 나왔다. 이 차이는 6개월 후 60%까지 벌어졌는데(doi: 10.1158/1078-0432.

CCR-16-1231), 6개월 후에는 환자의 몸 어딘가에 전혀 새로운 종류의 변이암이 자리를 잡고 있다는 뜻이다. 6개월 전 조직을 검사해 이에 대응할 수 있는 치료를 했다고 해도, 6개월 후에 어딘가에 있을 새로운 암을 찾아내지 못하면 환자를 살리기 어렵다. 액체생검으로 암 변이 추적을 계속해야 하는 이유다.

## 가던트헬스

가던트헬스의 Guardant360은 고형암 환자에게서 FoundationOne CDx와 같은 포괄적인 게놈프로파일링을 조직이 아닌 액체생검으로 하겠다는 것이다. 질문으로 '왜 액체생검이 필요한가? NGS 암 패널 검사를 액체생검이 대체할 수 있는가?' 정도가 나올 수 있다. 가던트헬스는 암 치료에서 핵심이 전 병기 단계에 걸친 암 분자정보, 즉 데이터를 확보하는 것이라고 본다. 이런 데이터를 확보하려면 환자의 혈액을 수시로 얻어 액체생검을 하는 것이 좋다. 가던트헬스는 암 액체생검 플랫폼이

성공하기 위한 전략으로 5단계의 로드맵을 제시했다.

① 우수한 제품
② 임상적 효용성 증명. 임상의사나 제약기업이 더 나은 결과를 얻을 수 있어야 함
③ 규제당국 승인
④ 메디케어 및 사보험 확대, 현재 일부 사보험 회사가 Guardant360 보험을 적용하며, 미국 기준 총 1억 7,000만 명이 대상(2020.01. 기준)
⑤ 상업적 채택, 가이드라인 권고 기준에 편입과 함께 주요 KOL(Key Opinion Leader)을 타깃. 7,000여 명의 종양학자가 Guardant360을 쓰며, 60개 대형 제약기업과 파트너십

가던트헬스는 미국 내 액체생검 전체 시장 규모를 500억 달러(한화로 약 60조 원)로 보고 있다.

▲ 증상이 없는 환자. 일반인 대상 액체생검 조기 검사 300억 달러

▲ 진행 단계에 있는 암 환자 대상 검사 60억 달러

▲ 재발/예후 모니터링 150억 달러

가던드헬스의 Guardant360은 고형암에서 발생하는 여러 유전자 변이를 찾아준다. GuardantOMNI는 제약기업의 타깃 치료제 혹은 면역항암제 개발을 도와주는 컨셉이다. LUNAR assay는 두 가지로 재발을 추적하는 LUNAR-1과 조기진단 액체생검 플랫폼 LUNAR-2가 있다. 이 가운데 Guardant360은 혈액 내 세포유리 종양 DNA(cell-free tumor DNA, cfDNA)를 이용해 진행성 고형암 환자에게서 발생할 수 있는 80개 이상 유전자 변이를 검사한다. 2014년 Guardant360은 50여 개국에서, 지정된 실험실에서 검사하는 테스트(labratory-developed test)로 출시됐다. 2019년 미국 FDA는 Guardant360을 혁신기기지정(breakthrough device designation)했으며, 2020년 8월 7일 최초의 액체생검 NGS 제품으로 승인했다. 미국 메디케어는 진행성 비소세포폐암 환자에 한해 Guardant360의 보험적용을 하고 있다. 출시 이후 2020년 초까지 15만 명이 Guardant360 테스트를 했으며, 7,000명의 종양 임상의도 사용했다. 또한 28개의 NCCN 센터와 60개 대형 제약기업이 이용한다. 암젠은 KRAS 저해제 AMG 510을 투여할 환자를 찾기 위한 방법으로 가던트헬스의 Guardant360을 이용하는 파트너십을 맺고 있다. 비소세포폐암 환자 중 약물 타깃인 KRAS G12C 변이를 가진 약 13%를 찾기 위함이다. 암 정밀진단 컨셉과 더불어 Guardant360 수요는 계속해서 늘어날 것으로 기대된다. 한국에서는 GC녹십자지놈이 2019년 7월 도입했다.

Guardant360 검사를 받으려면 혈액 10ml 샘플 2개가 필요하다. 이를 NGS 기반의 가던트 디지털시퀀싱 기술로 분석한다. Guardant360은 혈액 내 유전자 변이 타입에 따라 0.2~0.25% 농도로 있는 유전자 변이를 민감도 95~100%, 특이도 97~100% 수준으로 찾을 수 있다. 샘플을 보내고 7일 후 임상의가 결과를 받을 수 있다.

## 표준 요법과 직접(head-to-haed) 비교 임상

가던트헬스가 빠르게 시장을 넓혀갈 수 있었던 비결은 임상 디자인에 있었다. 가던트헬스는 액체생검의 유용성을 증명하기 위해 표준요법인 조직생검과 액체생검을 직접 비교(head-to-head)하는 임상을 디자인했다. 두 생검 방식을 비교하는, 가장 큰 규모의 전향적(prospective) 임상이었다. 가던트헬스는 2019년 *Clinical Cancer Research*에 전이성 비소세포폐암 환자 대상의 NILE(Noninvasive vs. Invasive Lung Evaluation) 스터디 임상결과를 발표했다(doi: 10.1158/1078-0432.CCR-19-0624). 새롭게 진단받은 전이성 비소세포폐암(1기~3A기) 282명을 대상으로 가이드라인이 권장하는 유전자 변이 7개(EGFR, ALK, BRAF, RET, ROS1, MET, ERBB2)를 cfDNA 기반 액체생검을 이용할 때 표준요법인 조직 유전형 분석 대비 비열등성을 확인하기 위한 목적이었다.

8가지 유전자 변이를 찾은 환자 수는 조직생검 60명 대비 cfDNA는 77명이었다. 비율로 따지면 21.3% :

27.3%로 cfDNA를 이용한 경우 유전자 변이를 찾을 확률이 높았다(p<0.0001). 표준진단법인 조직생검에서 가이드라인이 권장하는 유전자 변이 양성 반응이 나온 환자 가운데 12명은 조직생검에서만 찾을 수 있었던 변이였고, 48명은 액체생검과 같은 결과를 얻었다. 그리고 29명은 액체생검에서만 찾을 수 있는 변이였다. 조직생검과 비교해 가이드라인이 권장하는 유전자 변이에 대한 민감도는 80%였다. 다만 FDA 승인 약물이 있는 EGFR, ALK, ROS1, BRAF 타깃에서 조직생검과 액체생검의 일치율은 약 98.2%였다. 제품 출시 이후 비슷한 결과를 확인했는데 일치율은 98~100%였다. 시간도 단축했다. 조직생검 결과를 얻는 걸리는 기간의 중간값은 조직생검 15일, 액체생검 9일이었다(p<0.0001).

가던트헬스는 액체생검이 조직생검의 진단 정확성을 올려줄 수 있으며, 더 많은 환자에게 치료제를 처방할 수 있다는 논리로 시장에 접근하고 있다. 실제 조직생검과 액체생검 결과를 합칠 경우 변이를 찾을 확률이 높아졌다. cfDNA와 조직생검 대비 두가지 방법을 이용해 변이를 찾자 환자 수가 60명 대비 89명까지 늘어났

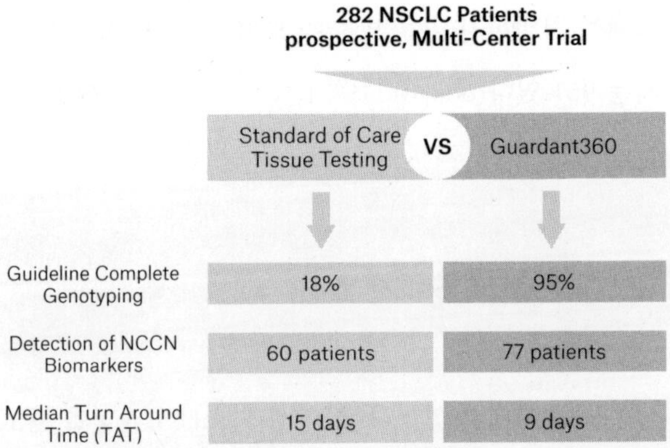


가던트헬스 NILE 임상결과

다. 음성이 나왔거나(7명), 충분한 조직이 없는 환자(6명), 조직생검을 할 수 없는 환자(16명)가 추가되면서 치료제를 처방할 수 있는 환자가 48% 늘어났다.

나아가 전향적 다기관 연구 결과에서도 긍정적인 결과가 나왔다. 조직생검이 어려운 고형암 환자 193명를 대상으로 Guardant 360 테스트를 기반으로 타깃 치료제를 처방하자 약물 반응을 보이거나 안정병변인 환자는 96%였다(doi: 10.1158/1078-0432.CCR-19-0624).

### Guardant360: 사례 1

A는 60세 여성이다. 전이성 비소세포폐암을 앓고 있었고, 암은 뼈와 뇌로 전이되었다. 처음 암을 진단받았을 때 조직생검으로 EGFR L858R 변이를 찾아냈다. EGFR을 타깃하는 엘로티닙(erlotinib) 기반 표적치료제를 처방받았다. 6개월 후 A에게 엘로티닙 저항성이 나타났고, 다시 주사바늘을 이용해 검체를 얻는 조직생검(core-needle biopsy)을 받았다. 검체로 NGS를 하자

EGFR T790M 음성 결과가 나왔다. 이번에는 PD-1 타깃 항체 치료제 니볼루맙(nivolumab)을 처방받았다. 그런데 니볼루맙을 투여받은 후 4주가 지나자 기침을 하고 걷기가 어려워지는 등 신체 활동이 어려워졌고, 암의 뇌 전이도 심해졌다. 환자는 주치의가 아닌 다른 의사에서 세컨드 오피니언(자신의 질병을 진단받은 병원과 다른 병원의 의사로부터 진단과 치료법에 대한 추가적인 의견을 구하는 것)을 받고, 가던트헬스의 액체생검을 받았다. 그러자 조직생검에서 음성으로 나왔던 EGFR T790M 음성이 양성인 것으로 나왔다. 니볼루맙 투여는 중단되었고, EGFR를 저해하는 오시머티닙(osimertinib)으로 약을 바꾸었다. 그러자 환자 폐 종양과 뇌 전이가 줄어들었다.

### Guardant360: 사례 2

B는 49세 여성이다. 전이성 유방암을 진단받았다. B에게 조직생검을 한 결과, 에스트로겐 수용체 양성과

HER 음성 판정이 나왔다. 표준적인 화학 치료와 아로마타아제 저해제(aromatase inhibitor)가 처방되었다. 그런데 유방암을 담당하던 의사가 가던트헬스의 액체생험을 진행했고, ERBB2 증폭(HER) 변이가 있다는 것을 알게 되었다. HER2 타깃 치료제인 허셉틴과 퍼제타의 병용투여를 처방했고, 종양은 줄어들었다. B의 경우는 유방암 병기가 진행되면서 종양진화(tumor evolution)가 일어났고, 새로운 유전자 변이가 일어난 것이었다. 유방암 환자 가운데 70%는 암이 뼈로 전이되는데, 조직생검으로는 이를 찾아내기 어렵다.

## 액체생검, PD-1 반응예측 MSI-H 조직생검 98.4% 일치

가던트헬스의 Guardant360 검사법으로 여러 고형암종의 환자 혈액 세포 유리 DNA(cell-free DNA, cfDNA) 샘플 1,45개에서 MSI(microsatellite instability) 변이를 비교·분석한 결과, 조직생검 결과와 98.4% 일치했다. 액체생검으로 확인한 MSI-H 결과를 바탕으로 환자에게 면역항암제에 대한 약물 반응도 함께 확인했다. 이지연 삼성서울병원 혈액종양내과 교수팀과 MD앤더슨 암센터 등 공동 연구진은 『클리니컬 캔서 리서치(*Clinical cancer research*)』에 논문을 발표했다(doi: 10.1158/1078-0432.CCR-19-1324).

미국 FDA는 2017년 키트루다®를 유전체 불안정성을 보여주는 MSI-H/dMMR 변이를 가진 암 환자에게 투여하는 치료제로 승인받았다. 키트루다®는 대장암, 자궁내막암 등 15개 암종에서 39.6% 반응률을 보였다. MSI-H 변이는 대장암, 자궁내막암, 위식도암 등에서 높게 발생하며, 전체 발생률은 약 1%다. 미국 종합 암 네트워크(NCCN) 가이드라인은 대장암을 포함한 9개 암종에서 면역항암제 바이오마커로 MSI-H를 사용할 것을 권고하고 있다.

MSI-H는 고형암에서 PD-(L)1 약물에 대한 반응성을 예측할 수 있는 중요한 바이오마커지만, 임상 현장에서 MSI-H 변이 여부를 평가하기는 어렵다. 혈액에서 MSI-H를 찾아내는 방법을 개발하기 위한 시도가 이어졌지만, 민감도가 낮았다. 민감도가 떨어질 경우 정상인이 환자로 진단받을 수 있으며, 오히려 추가 검사 비용이 증가하게 된다.

이 교수 연구팀은 Guardant360 검사법의 정확도가 조직생검 대비 98.4%로 높은 정확성을 갖는 것을 확인했다. Guardant360로 찾은 MSI-H 변이를 가진 환자에게서 약물 반응성도 확인했다. 연구팀은 환자의 혈장 MSI-H 결과를 바탕으로 기존 치료법에 불응/재발한 위암 환자 16명을 찾았으며, 이는 조직생검과 일치했다. 해당 환자에게 키트루다®를 투여하자 전체반응률(ORR)은 63%(10명)이었으며, 부분반응은 7명, 완전반응은 3명이었다(NCT02589496). 또한 질병통제률(DCR)은 81%였다.

# III

# 전이암진단 순환종양세포

circulating tumor cell

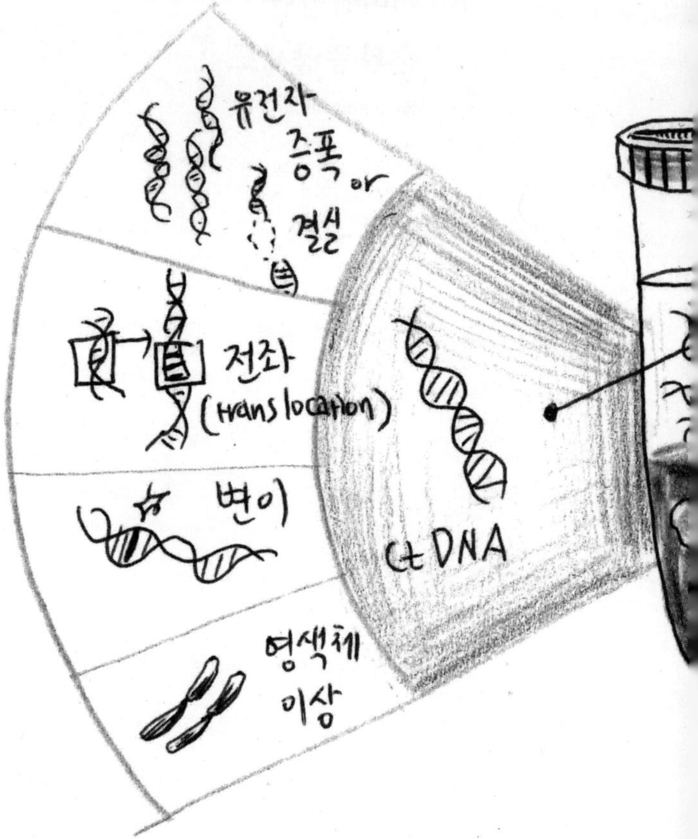


혈액 시료에서 얻을 수 있는 ctDNA와 순환종양세포에서 얻을 수 있는 정보의 종류. 순환종양세포에서는 RNA와 단백질 정보를 얻을 수 있다는 장점이 있다.

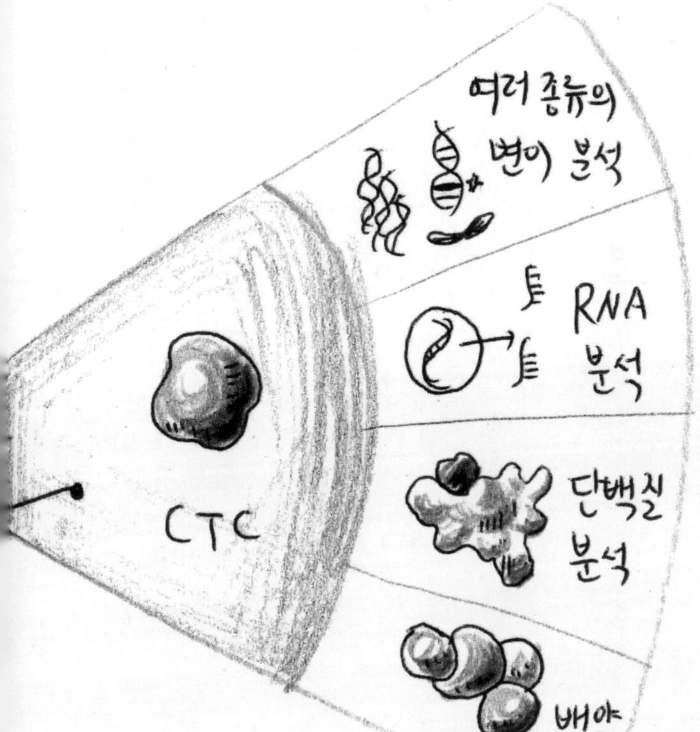
여러 종류의 변이 분석
RNA 분석
단백질 분석
배양
CTC

## 혈액을 떠도는 암세포

암 환자의 혈액에는 암과 관련된 물질들이 있다. 암세포가 죽으면서 나오는 DNA 조각(circulating tumor DNA, ctDNA)이 혈액에 떠다니고, 일부 암세포 세포막이 떨어져 나온 엑소좀(exosome)이 혈액으로 나오기도 한다. 이들은 모두 혈액으로 암을 진단하려고 할 때 매개체로 쓰일 수 있다. 이 가운데 암 조직에서 떨어져나온 세포인 순환종양세포(circulating tumor cells, CTC)는 암의 전이(metastasis)와 관계가 있다고 알려져 있다. 암이 진행되면 대부분의 경우 전이가 일어나며, 말기 환자에게서는 전이 현상이 두드러진다. 종양이 처음 생긴 부위에서 종양 조직을 떼어낸다고 해도, 멀리 떨어진 다른 부위와 다른 장기에서 암이 자라기 시작하면 치료는 어려워진다. 암 치료에서 전이는 환자가 사망과 더 가까워졌다는 신호다. 암 환자의 약 90%는 전이로 죽는다.

환자의 생명을 구하려면 전이를 막아야 한다. 전이를 막는 중요한 포인트는 일찍 찾는 것이다. 즉 전이를 조기에 진단해야 하는데, 암의 전이를 진단할 수 있

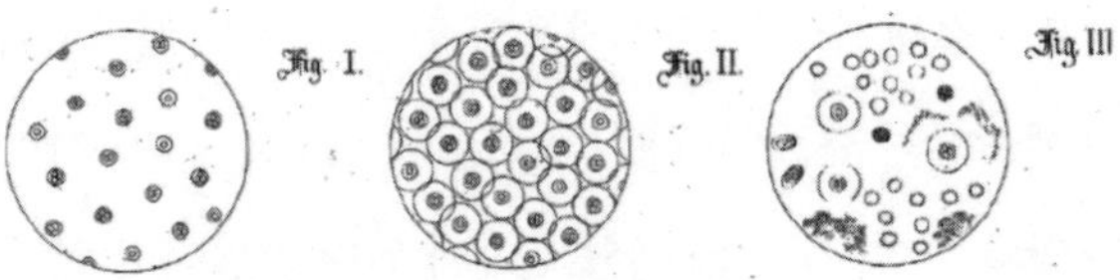


1869년 환자 보고서에서 토마스 애쉬워스가 *Australian Medical Journal*에 보고한 혈액(I)과 암세포(II), 혈액 내 암세포 모양(III)

'암과 혈액에서 보이는 동일한 세포는 한 사람에 있는 여러 종양의 기원을 실마리를 보여준다(The fact of cells identical with whose of the cancer itself being seen in the blood may tend to throw some light upon mode of origin of multiple tumours exIsting in the same person.).'

을 것이라는 가능성은 꽤 오래전에 제시되었다. 1869년 『오스트레일리아 의학 저널(*Australian Medical Journal*)』에 의사였던 토마스 애쉬워스(Thomas Ashworth, 1864-1935) 연구 결과를 발표한다. 토마스 애쉬워스는 암으로 사망한 환자 혈액을 현미경으로 관찰하다가, 혈액세포가 아닌 암조직에 있는 세포와 비슷한 모양을 가진 세포를 찾았다.

토마스 애쉬워스가 찾은 '혈액을 떠돌아다니는 암세포'는 전이암 진단과 치료에 실마리를 주었다. 몸속 깊숙한 곳에 생겨 덩치가 커질 때까지는 찾기 어려웠던 전이암을 혈액 검사로 찾는, 암 액체생검(liquid biopsy) 개념이다. 한 발 더 나아가면 전이를 막을 수 있을지도 모른다는 비전도 가능하다. 암 환자의 혈액에서 원 암세포에서 떨어져나온 무엇을 없애주면 암이 전이되는 것을 원천적으로 막을 수 있을 것이기 때문이다.

150년이 지난 지금까지도 순환종양세포가 암의 전이를 일으키는 원인이라는 이론에는 크게 변한 것이 없다. 원발암(primary cancer)에서 순환종양세포가 떨어져나와 혈액이나 림프절을 따라 멀리 떨어진 곳에 정착하면 암 전이가 일어난다. 순환종양세포는 원래 암이 없었던 조직인 뼈, 간, 폐, 뇌로 이동해 전이를 일으킨다. 초기 암 환자 혈액에서는 순환종양세포가 거의 보이지 않지만, 말기 전이암으로 진행될수록 순환종양세포 개수가 늘어난다. 또한 전이가 잘 일어나는 유방암, 전립선암 등에서는 순환종양세포를 더 흔하게 찾을 수 있다. 그리고 순환종양세포를 둘러싼 현상을 이용하면, 전이가 일어나지 않는 암 환자의 혈액에 순환종양세포가 있는지 없는지, 있다면 얼마나 많이 있는지를 기준으로 암 환자의 예후를 진단할 수 있을 것이다.

셀서치®(CellSerach®)를 이용하면 혈액 안 순환종양세포를 분석할 수 있다. 종양세포가 상피세포에서 기원한다는 점에서 아이디어를 얻어 상피세포 접착분자인 EpCAM 유무를 기준으로 순환종양세포를 선별한다. 토마스 애쉬워스가 순환종양세포를 찾아낸 지 150여 년이 지난 2004년에 처음으로 순환종양세포를 구분하는 기기가 나온 것이다.

2000년대 후반부터 순환종양세포의 개수와 환자의 생존기간, 치료 예후, 약물 저항성, 전이 여부 등을 살펴보는 연구들이 진행됐다. 전이가 잘 일어나는 유방암, 대장암, 전립선암 등을 앓고 있는 환자를 대상으로 연구가 진행되었다. 연구 결과를 종합해보면 순환종양세포 개수가 많을수록 재발이 일찍 일어나고, 환자가 일찍 사망하는 경향을 보였다.

그러나 150년이라는 시간이 흐르고, 실제 혈액 안에 떠돌아다니는 암세포가 전이를 일으킨다는 것이 사실로 확인되었음에도, 암의 진단과 치료에서는 순환종양세포의 활약이 기대에 미치지 못했다. 사실을 확인하고, 개념을 잡고, 아이디어까지 나왔는데 왜 순환종양세포를 이용한 액체생검과 전이암 차단 치료제 개발은 속도가 느릴까? 순환종양세포를 좀더 들여다보자.

## 순환종양세포

종양에서 떨어져나온 나온 암세포는 혈액으로 섞여 들어간다. 그런데 모든 암세포가 순환종양세포가 될 자격을 갖는 것이 아니다. 이는 '세포 부착 특성(cell adhesion)' 때문이다. 정상적인 상황에서 세포가 원래 있던 조직에서 떨어져나오면, 서로 부착되어 있을 때 세포(또는 세포외기질[ECM])끼리 주고받는 신호전달이 끊기면서 금방 죽는다. 세포가 주위 환경에 적절하게 접촉하지 못하고 세포 사멸이 일어나는 것을 아노이키스(anoikis)라고 부른다. 아노이키스는 그리스어에서 유래한 말로 '집이 없는 상태'라는 뜻이다.

입에서 상피세포가 떨어져나와 장 상피세포에 붙어 자라나면 문제가 심각해질 것이다. 그러니 아노이키스는 세포가 있어야 할 자리에 있지 않다가, 엉뚱한 곳에서 자라는 것을 막는 메커니즘이다. 아노이키스 현상은 암세포에도 적용된다. 암세포에서 떨어져나온 세포도 아노이키스 현상으로 사멸한다.

혹 아노이키스를 피한다고 해도 면역세포를 피해야 한다. 만약 항암 치료를 받고 있다면 화학 항암제가 공격을 할 것이다. 상황이 이렇다보니 실제 순환종양세포가 다른 조직에 정착해 전이를 일으킬 확률은 0.01%에 불과하다(doi: 10.1093/jnci/45.4.773).

문제는 아노이키스 현상에 저항성을 가진 순환종

양세포다. 대부분의 고형암은 상피세포(epithelial cell)에서 시작한다. 상피세포의 표면에는 접착제 역할을 하는 세포 부착 단백질(adhesion molecule)이 있어, 서로를 붙잡고 있다. 상피세포가 변이를 일으켜 증식하는 고형암세포에도 이런 특성이 있다. 암세포 표면에는 세포 부착 단백질인 E-카데린(E-cadherin), EpCAM(epithelial cell adhesion molecule)과 세포 골격 단백질인 사이토케라틴(cytokeratin) 등이 있다. 이런 접착제로 인해 암세포들도 서로를 붙들고 있는데, 순환종양세포는 이런 접착제로서의 성격을 버려야 종양 조직에서 떨어져 나올 수 있다.

이런 상황에서 암세포에서는 상피중간엽전이(epithelial mesenchymal transition, EMT)가 일어난다. 상피중간엽전이는 상피세포가 중간엽세포의 특징을 가진 세포로 바뀌는 현상이다. 중간엽세포는 배아 결합조직(embryonic connective tissue)이라고도 하며, 발달과정에서 섬유모세포, 연골모세포, 뼈모세포등으로 분화한다. EMT를 거친 암세포는 세포 운동성과 조직 침투력이 늘어나고 잘 죽지 않게 된다. 중간엽세포는 배아 발

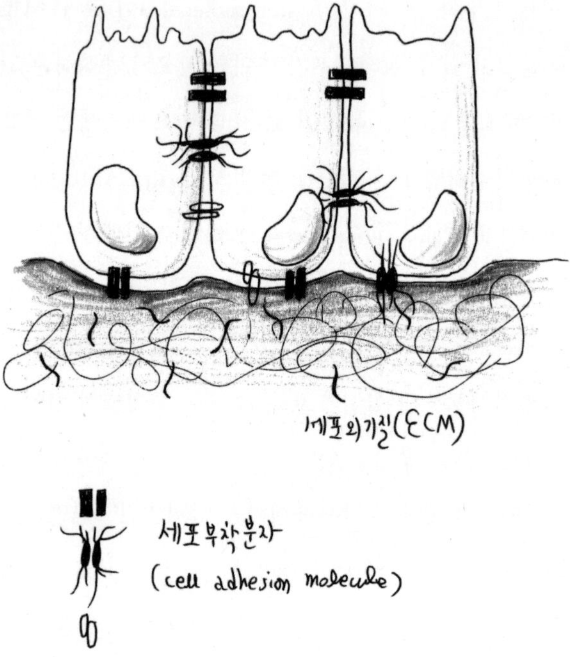


상피세포의 모습. 세포 부착분자는 세포와 세포(세포 사이를 잇는 막대기), 또는 세포와 세포외기질(ECM)을 잇는 두 가지 범주를 모두 포함한다.

생과정에서 여러 곳으로 이동해 여러 종류의 세포로 분화하는 것이 특징인데, 암세포는 이를 전혀 다른 용도로 활용하는 셈이다.

암세포에서 상피중간엽전이가 일어나면 세포 표면에 중간엽세포 표면에서 찾을 수 있는 비멘틴(vimentin), N-카데린(N-cadherin), 피브로넥틴(fibronectin) 등이 발현한다. 암세포가 중간엽세포와 비슷해질수록 치료 저항성이 올라가고 생존력이 강해진다. 치료저항성은 암세포가 항암제에 반응하지 않는 것을 뜻한다. 항암제를 투여해도 종양이 줄어들지 않는 저항성이 올라가면 암세포의 생존력이 올라가고 치료효과는 낮아진다. 이런 현상이 모든 순환종양세포에 똑같은 적용되는 것은 아니다. 이질적인(heterogeneity) 특성을 지닌 CTC가 섞여 있어 상피세포에 가까운 CTC, 상피중간엽세포에 가까운 CTC, 중간엽세포에 가까운 CTC 등이 있다. 이렇게 순환종양세포마다 발현하는 마커가 다르고, 특징도 다르다.

상피중간엽전이가 일어나면 가소성(plasticity)이 커진다. 가소성은 '변할 수 있는 능력'으로, 특정한 환경이 만들어지면 그에 따라 특정한 방향으로 바뀌는 성질이다. 상피중간엽전이가 일어난 암세포는 가소성이 커서 다른 조직으로 이동했을 때 해당 조직에 적응(?)할 수 있는 능력이 늘어난다. 순환종양세포는 다른 조직으로 가서 해당 조직의 환경에 적응해서 생존하고, 상피세포로서의 성격을 되찾아 전이암을 일으킨다. 이름도 상피중간엽전이(EMT)의 반대인, 중간엽상피전이(mensenchymal epithelial transition, MET)다. 새로운 조직으로 간 순환종양세포는 무리를 이뤄(clone) 암이 되는 것이다. 한편 순환종양세포는 항암 치료를 할 당시에는 골수에 숨어 있다가 특정 자극을 받으면 원래 있었던 부위와 떨어진 곳에서 다시 암으로 분화해 전이를 일으키기도 한다. 이런 경우 숨어서 퍼지는 암세포(disseminating tumor cells, DTC)라고 부른다.

순환종양세포는 혈액에서 살아남는 전략을 마련해두고 있다. 혈액으로 들어온 순환종양세포는 뭉쳐서(CTC cluster) 돌아다닌다. 순환종양세포가 두 개 이상 모여 있으면 순환종양세포 클러스터로 본다. 혈액 안에 있는 순환종양세포는 여러 요소가 뭉쳐 있는 덩어리다.

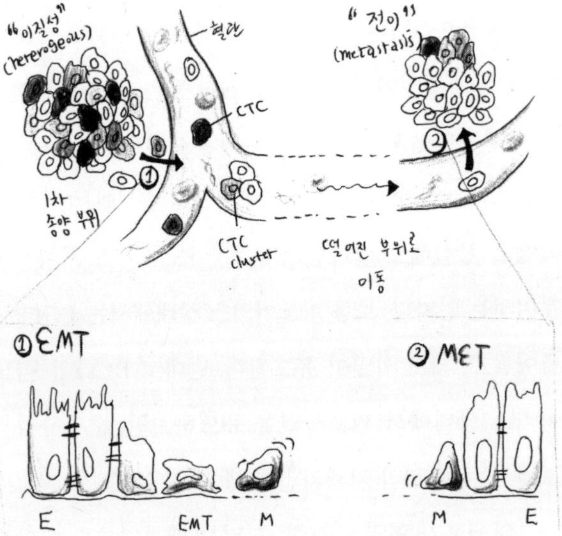


순환종양세포가 종양에서 멀리 이동해 전이암을 일으킨다.
암조직에서 혈액으로 갈 때 상피중간엽전이(EMT),
혈액에서 조직으로 갈 때 중간엽상피전이(MET)가 일어난다.

클러스터를 이룬 순환종양세포는 섬유아세포, 백혈구, 적혈구 등의 혈액세포와 세포 골격 구조 인자인 액틴(actin) 등과 결합해 물리적인 방어력이 강해진다. 몸속 요소와 뭉쳐 있으면 혈액 속에서 살아남는 데 유리하다.

혈액으로 들어온 순환종양세포는 EGFR, AKT, PI3K 등이 활성화되고, BCL2, p53 등은 줄어든다. 전자는 순환종양세포의 생존에, 후자는 사멸에 관여하는 인자들이다. EGFR과 같은 세포증식인자 활성화는 세포 부착성을 상실해도 살아남게 하는, 아노이키스 저항성을 부여하는 인자다. 보통 아노이키스 상태에서는 EGFR이 줄어들고, 세포 사멸이 유도된다. 반대로 BCL2는 아노이키스 상태에서 세포사멸을 유도하지만, 순환종양세포에서는 BCL2가 억제되면서 생존 시그널을 보낸다.

암세포가 면역을 피할 수 있는 메커니즘도 순환종양세포의 생존에 도움을 준다. 암세포는 NK세포, 대식세포 등 선천면역계의 작용을 피하기 위해 CD47, 적응면역계의 작용을 피하기 위해 PD-L1을 발현하는데, 이는 암세포에서 떨어져나온 순환종양세포에서도 마찬가지로 발현된다. 덕분에 혈액에 들어온 순환종양세포는 면역시스템의 공격을 피할 수 있다.

### 씨앗과 토양 가설(the seed and soil hypothesis)

암세포는 살아남을 수 있는 환경에서만 전이된다. 암세포가 전이되기 위해서는 조직에 적응(adaptation)하고, 선별(selection)되는 과정을 거치는데, 기관별로 특징적인 압력(pressure)이 있어, 이 관문을 통과해야 전이가 일어난다. 기관별로 전이가 일어나는 데 필요한 요건(예를 들어 특정 유전자의 발현 등)이 다르다. 따라서 전이가 더 쉽게 일어나는 폐 같은 곳이 있는가 하면, 더 어렵게 일어나는 뇌 같은 기관이 있다.

이는 암 전이에 대한 '씨앗과 토양 가설(the seed and soil hypothesis)'에서 처음으로 제시된 개념이다. 스테판 파젯(Stephen Paget)은 1889년 『란셋(*Lancet*)』 1호지에 씨앗과 토양 가설을 발표한다. 씨앗은 암세포, 토양은 특정 장기의 미세환경(microenvironment)이다. 전이는 아무 때, 아무 곳에서나 일어나는 것이 아니라 선택받은 암세포와 특정 장기의 상호작용이 딱 맞아 떨어지는 경우에만 일어난다.

## 그럼에도

순환종양세포가 이동하지 못하게 막아 암의 전이를 막는 연구는 시작 단계다. 2018년 종양이 있는 쥐를 이용한 동물실험에서 순환종양세포를 레이저로 선택적으로 없애자 생존기간이 늘어난 것을 확인한 연구가 있다(doi: 10.1186/s13045-018-0658-5). 또한 한 개의 순환종양세포와 클러스터를 이루고 있는 순환종양세포의 DNA를 분석해, 클러스터를 이루고 있는 순환종양세포의 DNA 메틸화가 낮아져 있다는 것(hypomethylation)을 밝힌 연구도 2019년에 발표되었다(doi: 10.1016/j.cell.2018.11.046). 줄기세포의 특징을 띠고, 증식과 관련된 부위였다. 전이 유방암 환자 혈액 샘플을 분석하자 클러스터에서 메틸화가 낮을수록 무진행생존기간도 짧았다. 환자 혈액을 이식한 동물 모델에서 클러스터 상태를 깨고 단일 세포로 돌리자 메틸화가 높아졌고, 암 전이도 줄었다.

다만 암 전이를 타깃으로 하는 치료제 개발 연구는 초기 단계다. 순환종양세포를 타깃하기보다는 상피중간엽전이 과정에 역할을 하는 AXL, TGF-β와 세포 부착 단백질인 E-카데린, 인테그린 등을 저해하는 방향으로 신약개발 연구가 이뤄지고 있다.

순환종양세포를 이용한 진단과 치료제 개발이 멈춰 있는 이유는 순환종양세포를 정확히 골라내기가 어렵기 때문이다. 진단을 하든 치료제를 개발하든 우선 순환종양세포를 연구팀의 손에 쥐어줘야 하는데, 이 단계부터가 어렵다.

전이암 환자의 혈액 10ml에는 보통 10개 미만의 순환종양세포가 있다. 반면 10ml 혈액에는 백혈구는 수백만~수억 개, 적혈구는 수백 억 개다. 환자의 혈액에서 순환종양세포를 찾는 것을 건초 더미에서 바늘 찾는 것에 비유하기도 한다. 여전히 순환종양세포를 찾고(detection), 골라내는(isolation) 문제를 해결하지 못하고 있다. 문제를 해결했다고 평가할 수 있는 기준은, 순환종양세포를 찾는 표준화된 방법과 누가 하든 같은 결과가 나올 수 있는 재현성, 자동화된 분리 기술 등이다.

2004년 미국 FDA의 승인을 받은 셀서치®는 순환종양세포가 발현하는 마커를 항체로 잡는다. 상피세포에 있는 세포 부착 단백질인 EpCAM을 활용하는데, 현재 순환종양세포를 골라내는 일반적인 방식이기도 하다. EpCAM은 세포와 세포를 이어주는 세포막 투과(transmembrane) 당단백질이다. 세포 신호전달, 이동, 증식, 분화 등에 관여한다. EpCAM은 종양을 일으키는 c-myc, E-FABP, 세포주기 조절 사이클린(cyclin) 등의 발현을 높이기도 한다. 암에서는 EpCAM의 발현이 높고, 전이에도 관여하다보니 상피세포에서 시작하는 암들의 예후 진단이나 치료 타깃으로 연구되고 있다. EpCAM을 항체로 잡는 연구는 세센 바이오(Sesen Bio)가 항체-약물 접합체(antibody drug conjugate, ADC) 컨셉으로 임상3상을 진행하고 있는 비시늄(vicinium, VB4-834)과, 아뮤닉스(Amunix)의 CD3 × EpCAM 타깃 이중항체 후보물질 AMX-268(연구 단계)이 있다.

셀서치®는 전이성 유방암, 대장암, 전립선암 환자

에게 7.5ml의 혈액을 얻는 것으로 시작한다. 전이성 유방암과 대장암, 전립선암 환자에게서 얻은 7.5ml 혈액 안에 순환종양세포가 5개보다 많으면, 5개보다 적은 경우에 비해 생존률이 2배 낮다. 셀서치® 테스트는 현재 암 환자의 예후를 알아보는 데 쓰인다. 이미지 촬영보다 빠르게 환자의 예후를 예측하고, 전이 모니터링을 할 수 있어 의사가 치료요법을 결정하는 것을 돕는다.

셀서치® 방식이 갖는 한계는 순환종양세포의 이질성(heterogeneity) 문제다. 순환종양세포는 상피중간엽전이를 거치면서 상피세포의 성질 가운데 일부를 잃고 중간엽 세포의 성질을 얻는다. 그런데 셀서치®처럼 상피세포의 특징을 타깃하는 항체를 활용하면 상피세포의 특징인 EpCAM을 발현하지 않는 순환종양세포를 놓치게 된다. 순환종양세포 숫자 몇 개의 차이로 생존률이 2배까지 차이는 상황에서 중요한 문제다. 또한 EpCAM을 잘 발현하지 않는 암종도 있다. 아직까지도 순환종양세포를 잡는 통일된 마커는 없다.

퀴아젠(Qiagen)은 암종별로 바이오마커 종류를 늘려 이 문제를 풀려고 한다. 각각의 암에서 유래한 순환

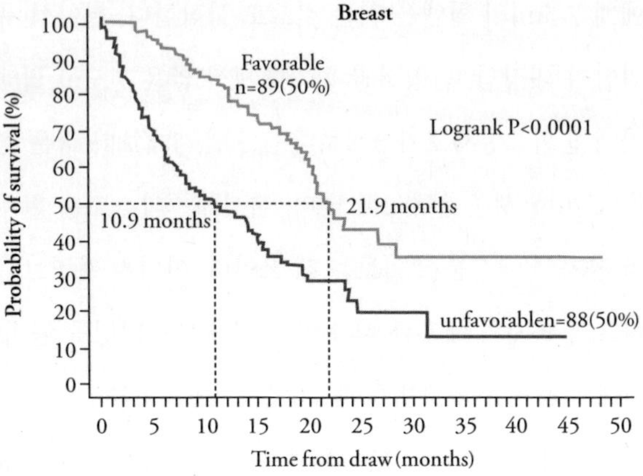
Breast
Favorable
n=89(50%)
Logrank P<0.0001
21.9 months
10.9 months
unfavorablen=88(50%)
Probability of survival (%)
Time from draw (months)

(a)

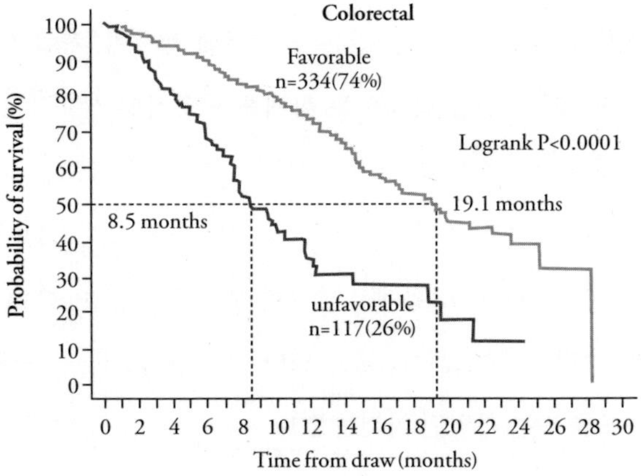
Colorectal
Favorable
n=334(74%)
Logrank P<0.0001
19.1 months
8.5 months
unfavorable
n=117(26%)
Probability of survival (%)
Time from draw (months)

(b)

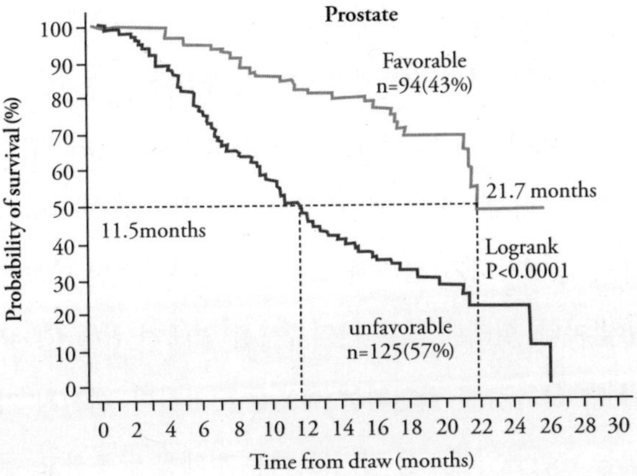


(c)

제품 출시 후 셀서치®의 리얼월드(real-world) 데이터

종양세포에 주로 발현하는 바이오마커를 이용하는 방식이다. 전사체(multiplex PCR, RT)를 분석하는데, 유방암은 Muc-1, Her2, EpCAM, ER/PR을 확인하고, 전립선암은 PSA, PSMa, EGFR, AR을, 대장암은 EpCAM, EGFR, CEA를 확인한다. 순환종양세포를 찾지만 원발암에 따라 마커의 종류와 개수는 달라진다.

반대의 시도도 있다. 암세포가 발현하지 않을 법한 마커를 이용해, 순환종양세포가 아닌 것 같은 녀석들을 계속 없애가다가 결과적으로 순환종양세포만 남기는 방법이다. 혈액에 많은 면역세포를 없애기 위해 CD45나 CD66b 등을 발현하는 세포를 제거한다. 셀서치®가 모든 순환종양세포를 잡지 못하는 한계를 극복하고, 살아 있는 순환종양세포를 잡기 위한 접근법이지만, 아직까지 효율은 낮다.

## 프레임 전환

'세포 표면에 발현한 단백질을 마커로, 이를 잡는

항체를 개발한다.' 생명과학을 연구하거나 신약개발을 연구하는 모두에게 익숙한 프레임이다. 익숙함은 장점이지만 단점이다. 익숙하기 때문에 빠르게 움직일 수 있지만, 익숙하게 풀지 못하는 문제 앞에서는 한계 또한 익숙해진다. 익숙함이 문제를 정확하게 분석하고 들여다보는 것을 방해하는 것이다. 순환종양세포로 전이암을 진단하거나, 암이 전이되는 것을 막으려면 순환종양세포를 찾아내는 것부터 해야 한다고 했다. 문제는 순환종양세포를 찾는 것이지, 순환종양세포 표면에 발현한 단백질을 찾고 이를 잡을 항체를 찾는 것이 아니다.

순환종양세포는 혈액 안에 있는 다른 세포들보다 크다. 백혈구가 8~20μm, 적혈구가 6.2~8.2μm 정도의 크기라면 순환종양세포는 9~24μm 정도다. 그렇다면 체를 곱게 만들어 환자의 혈액을 거르면, 백혈구나 적혈구는 빠져나가고 순환종양세포만 남을 것이다. 차이점은 크기뿐만 아니다. 순환종양세포는 면역세포보다 좀 더 딱딱(stiffer)하다. 이외에도 밀도나 전기적 특성, 미세유체(microfluidic) 흐름에서 순환종양세포의 움직임이 가지는 특성 등에 따라 나누는 것도 가능하다. 생명

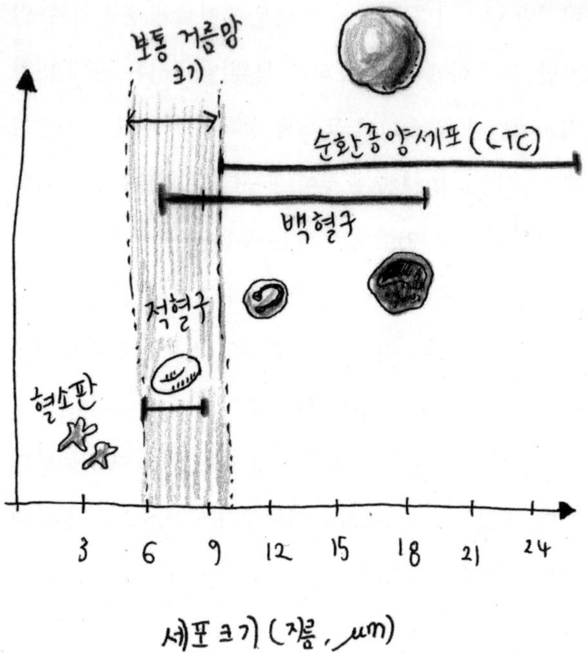
보통 거름망
크기
순환종양세포(CTC)
백혈구
적혈구
혈소판
3
6
9
12
15
18
21
24
세포 크기(지름, μm)

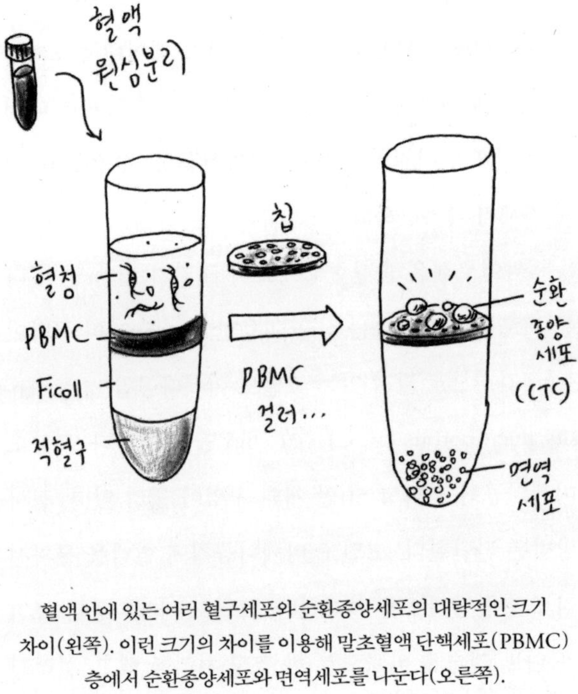


혈액 안에 있는 여러 혈구세포와 순환종양세포의 대략적인 크기 차이(왼쪽). 이런 크기의 차이를 이용해 말초혈액 단핵세포(PBMC) 층에서 순환종양세포와 면역세포를 나눈다(오른쪽).

과학적 프레임과는 거리가 있어 보이는 물리적이고 공학적 방식이지만, 직관적이고 정확하다.

물리적 방법이 가지는 장점은 더 있다. 순환종양세포만 살아 있는 상태로 추출할 수 있다면 RNA를 시퀀싱할 수 있다. 항체를 이용해 순환종양세포일 것으로 추정되는 세포를 모은 다음, 다시 항체를 떼어내서 모아놓은 세포에 대한 검사를 해야 한다. 그런데 항체를 떼어내면 세포가 터져버려 RNA 시퀀싱을 할 수 없으니 분석 자체가 불가능하다.

싸이토젠은 순환종양세포의 크기가 혈액 안의 다른 세포들보다 크다는 점을 이용한다. 6.5μm의 구멍이 3μm 간격으로 뚫려 있는 고밀도 미세다공칩(high density microporous chip, HDM chip)을 개발했다. 고밀도 미세다공칩 하나당 50만 개의 구멍이 뚫려 있다. 검사 방법은 간단한다. 고밀도 미세다공칩에 혈액을 통과시켜 순환종양세포를 걸러낸다. 고밀도 미세다공칩 표면은 나노 기술을 바탕으로 한 코팅 처리를 했고, 걸러진 순환종양세포에 손상이 가지 않는다. 이 칩에 혈액 5ml를 통과시키면 200여 개의 세포가 남는다. HDM 칩으로 순환종양세포를 거를 확률은 96%다. 다음으로 막 위에서 약 1~10개의 순환종양세포를 집어내는(retrieval) 단계까지 거치면 80% 정도의 순환종양세포를 잡아낼 수 있는데, 이는 경쟁 연구 대비 2배 수준의 효율성이다.

간단한 작업처럼 보이지만 정밀하고 일정하게 막을 만들고 코팅하는 데는, 초정밀가공기술과 반도체 제조 과정 가운데 들어가는 기술을 적용했다. 또한 생명과학 실험에서 문제가 되는 재현성 변수를 줄이기 위해, 자동화 방법을 도입했다.

순환종양세포를 걸러냈으니 특정 바이오마커를 분석하는 공정으로 넘어간다. 싸이토젠은 암 상피세포 마커인 EpCAM에 전이 특성이 강한 중간엽세포 마커인 비멘틴(vimentin)을 추가해 분석한다. 순환종양세포로 확인된 세포에서 AXL, HER2, PD-L1 항체를 처리해 발현 정도를 확인하는 원리다.

싸이토젠이 2010년 회사를 설립하고 기술을 개발할 때는 모순적인 상황이었다. 한쪽에서는 순환종양세포로 암을 진단할 수 있을 것이라 기대하고 있었지만, 다른 한쪽에서는 미국 FDA 승인까지 받은 셀서치®도

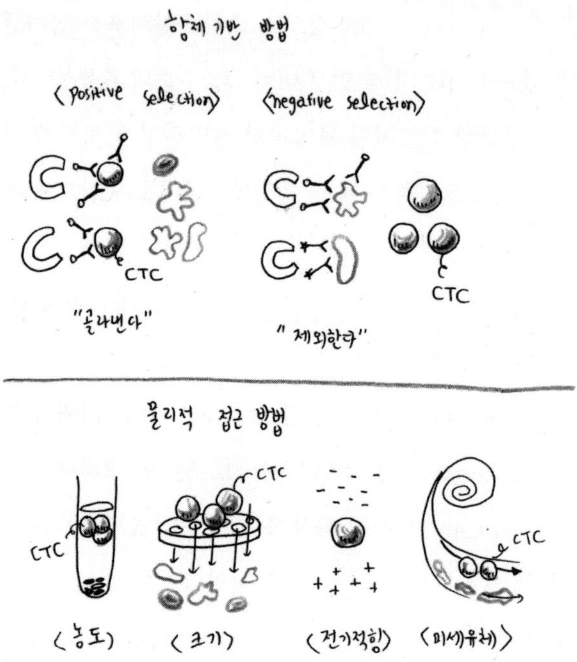


순환종양세포를 골라내는 방법.
항체를 이용하는 방법과 물리적 방법으로 나눠볼 수 있다.

아직 불완전한 기술로 평가받고 있었다. 싸이토젠은 의료 현장의 의사들과 협업하며 논문을 게재하는 것부터 시작했다. 해외 암 학회에서 기술을 발표하는 가운데 다이이찌산쿄 같은 외국 기업들이 먼저 가능성을 보고 손을 내밀었다. 그리고 싸이토젠은 순환종양세포를 거르는 자동화 플랫폼을 2016년 완성했다.

## 바이오마커로서 순환종양세포

액체생검 분야에서 순환종양세포는 바이오마커에 대한 가능성을 넓히고 있다. 그레일, 가던트헬스 등 암 진단 액체생검 분야에서 주류는 cfDNA/ctDNA 바이오마커다. cfDNA(circulating-free DNA)는 혈액을 떠돌아다니는 DNA 절편이다. cfDNA는 세포가 분비(secretion)하거나, 세포 괴사(necrosis), 세포사멸(apoptosis)로 터지면서 나올 수 있어 경우의 수는 많다. 이 가운데 암세포에서 유래된 것을 구별해 ctDNA(circulating-tumor DNA)라고 정의한다. 이를 바이오마커로 쓰기 위해 PCR이나 NGS 기술을 이용해 cfDNA/ctDNA 염기서열상의 변이를 찾는다. 혈액에서 EGFR, ALK, MET, KRAS, BRCA1/2 등 유전자 변이를 찾아 적절한 환자에게 적절한 치료제를 투여하게 된다.

문제는 치료제가 표적하는 타깃에 대한 바이오마커를 단백질 수준에서 확인하는 경우다. 세포막 면역관문분자(immune checkpoint molecule)인 PD-1 항체를 투여하려면, 암 조직에서 PD-L1을 발현하는지 확인한다. 유방암과 위암 치료제로 쓰이는 HER2 항체 허셉틴® (Herceptin®, 성분명: trastuzumab)도 환자의 암 조직에서 HER2가 일정 수준 이상 발현하는 경우에만 처방할 수 있다.

문제는 암 조직에서 바이오마커 역할을 하는 단백질 발현을 확인하려면 해당 조직 검체가 필요하지만, 항상 조직생검이 가능한 것은 아니라는 점이다. 항암 치료를 하는 상황에서 이미 조직을 떼어냈다면, 다시 채취하기 힘들 수 있다. 뇌처럼 조직을 채취하기 거의 불가능한 경우도 있다. 전체적으로 조직생검이 어려운 환자 비율은 약 40% 정도다. 한 달 정도 걸리는 조직생검 검사

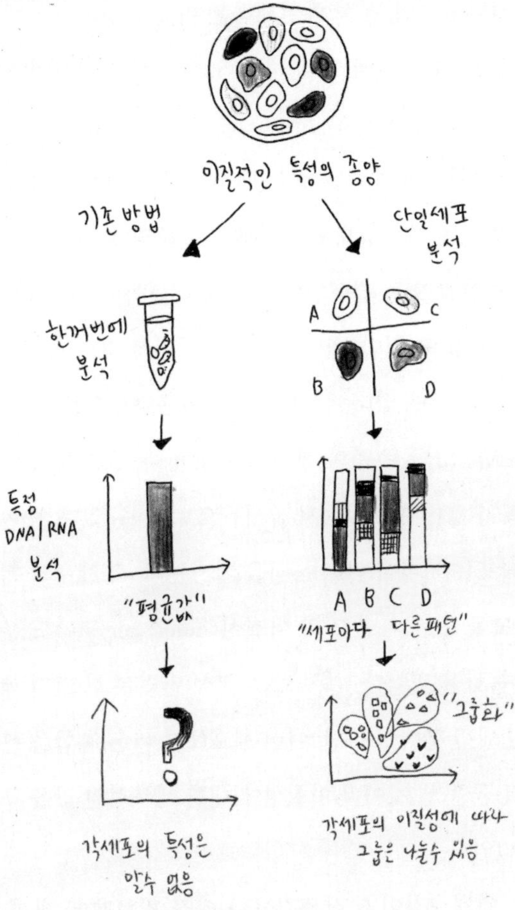


기존 RNA 분석법과 단일세포 RNA 분석법(single cell RNA sequencing, scRNA-seq)의 비교.

를 기다렸는데, 분석에 실패하는 비율도 30~40%에 이른다. 따라서 전체 암 환자의 50%는 액체생검이 필요하다.

순환종양세포는 좋은 액체생검 바이오마커가 될 수 있다. 순환종양세포로 단백질 수준의 분석이 가능하며, 원발암 또는 전이암의 특성을 대변하는 바이오마커로 이용할 수 있다. 혈액검사이므로 반복 검사도 가능하다. 장점은 또 있다. 살아 있는 순환종양세포를 얻을 수 있으면, RNA 수준의 분석이 가능하다. 세포에서 어떤 변화가 일어나고 있는지 실시간으로 알 수 있다. 순환종양세포는 저마다 다른 특성을 가지는데, 각 세포의 정보를 모을 수 있다면 암의 이질성(heterogeneity)도 분석할 수 있을 것이다. 기존 RNA 분석 방법은 한 가지 세포 수준에서 분석이 아닌, 여러 세포에서 나온 총합을 분석해 평균을 낸 것이라 이질성에 대한 세부적인 값을 구할 수 없었다.

액체생검이 조직생검보다 타깃 치료제에 대한 여러 약물 저항성 메커니즘을 찾는 데 적합하다는 연구결과도 나오고 있다. 2020년 7월 『네이처(*Nature*)』에는 소화기암(GI cancer) 환자에게서 타깃 치료제를 투여받고 나타나는 암세포의 후천성 저항 메커니즘(acquired resistance)을 일으키는 여러 유전자 변이를 추적하는데, 조직생검보다 액체생검이 더 적합하다는 연구결과가 실렸다(doi: 10.1038/s41591-019-0561-9). 78%의 사례에서 조직생검으로 보지 못한 내성변이를 액체생검으로 찾았다.

## 단일세포 RNA 바이오마커의 임상 적용

왜 어떤 환자에게는 약물 반응성이 나타나고, 어떤 환자에게는 약물 반응성이 나타나지 않을까? 이 차이를 정확하게 설명하는 이론은 없다. 예를 들어 염증성 장질환은 복잡한 메커니즘으로 일어나는데, 의료진은 공통적으로 나타나는 증상을 확인하고, 병으로 진단한다.

이러한 한계를 극복하려고 발병 원인이 복잡한 염증성 장질환에서 약물 반응성을 보일 환자를 골라내는 바이오마커로 단일세포 RNA 시퀀싱(single-cell RNA sequencing, scRNA-seq) 기술을 써보려는 시도가 있다. 여러 세포의 전체 유전자의 평균값을 분석하는 기존 접근법과 달리, 단일세포 RNA 시퀀싱 기술은 질병을 일으키는 특정 세포 유형(subtype)을 나누고, 병을 일으키는 인자를 구별해 새로운 병리 메커니즘을 찾아낼 수 있다.

2019년 얀센(J&J)은 셀시우스테라퓨틱스(Celsius Therapeutics)와 궤양성대장염 병용투여 임상2상에 단일세포 바이오마커를 적용하는 파트너십을 맺었다. 염증성 장질환 환자를 대상으로 한 대규모 임상에서 단일세포 유전체 기술을 적용한 첫 사례였다.

얀센과 셀시우스테라퓨틱스는 염증성 장질환의 하나인 궤양성대장염 병용투여 VEGA 임상2a상에서 단일세포 정보를 '약물 반응 예측 바이오마커(predictive biomarker)'를 찾는 데 적용하고 있다. VEGA 임상은 중증 또는 심각한 급성 궤양성대장염 환자 210명을 대상으로 한다. 임상시험에서 투여되는 약물은 건선 치료제 IL-23 항체인 트렘피어®(Tremfya®, 성분명: guselkumab)와 궤양성대장염 등 자가면역질환 치료제로 사용되는 TNF-α 항체인 심퍼니®(Simponi®, 성분명: golimumab)로 약물 안전성 및 효능을 평가한다(NCT03662542). 정상인과 궤양성대장염 환자의 조직 샘플을 단일세포 수준에서 분석해 얻을 수 있는 결과로는 ▲ 세포 유형(subset), ▲ 각 세포의 비율, ▲ 질환 환경에서 망가지거나, 새롭게 나타나는 표현형, ▲ 약물 내성 인자, ▲ 한 종류의 세포가 변하는 것이 다른 종류의 세포, 질환에 미치는 영향, ▲ 각 유형의 세포와 질병 작용 메커니즘 규명 등이 있다.

### 가능성

순환종양세포를 암 진단과 치료에 도입했을 때 얻을 수 있는 이점은 여럿이다. 이는 액체생검의 장점과도 연결된다. 암 수술을 받은 환자를 보자. 수술은 성공적이었지만 고비가 남아 있다. 암의 재발과 전이다. 이를 위해 환자는 꾸준히 검진을 받아야 하는데, 꾸준히 검진을 받는 것과는 별개로 재발과 전이를 찾아내는 것은 어려운 일이다. 가장 좋은 방법은 꾸준히 조직을 채취해 분석하는 것이지만 침습적인 방법으로는 쉽지 않다. 어디로 튈지 모르는 전이를 찾는다는 것은 더 어려운 문제다. 여전히 암을 진단해내는 방법이 정확하거나 다양하지 않은 조건에서 불안하게 지내야 한다. 그런데 만약 혈액을 채취해 순환종양세포를 진단 수단으로 사용할 수 있다면 이야기가 달라진다. 수술이 마치고 자주 병원을 찾아 피검사만 하면 된다. 전이 장소에서 암세포가 일정 크기 이상 커지기 전에 전이가 진행되는지 알 수 있다.

순환종양세포는 원발암에서 떨어져나온 이후 원발

암과 점점 달라진다. 예를 들어 원발암에서 KRAS 변이가 없었다고 하더라도, 순환종양세포에서는 시간이 지나면서 KRAS 변이가 생기기도 한다. 그래서 순환종양세포는 암이 복잡해지는 한 원인이기도 하다. 따라서 순환종양세포를 이용하면 환자에게 더 적절한 치료법을 골라내는, 동반진단에 활용할 수 있다는 장점으로 이어진다.

컨셉은 더 확장할 수 있다. 암 환자에게 치료제를 투여하고 기다렸다가 결과를 보고 다음 치료제를 바꾸는 것이 아닌, 치료제를 투여하고 기다리는 도중에 순환종양세포 검사로 좀더 빠르게 대응할 수 있다. 순환종양세포를 이용한 진단은 전이가 많고 진행속도가 빠른 폐암, 유방암 등에서 특히 효과를 보여줄 것이다.

## 확장성 1. AXL 발현과 치료제 선택

비소세포폐암(NSCLC)으로 진단받은 환자 가운데 EGFR 변이를 가진 경우, 이를 억제하는 표적치료제인 'EGFR 타이로신카이네이즈 저해제(EGFR tyrosine kinase inhibitors, 혹은 EGFR TKI)'를 처방받는다. 암세포를 증식시키는 EGFR 효소를 억제하는 원리다. 비소세포폐암 환자 가운데 EGFR 변이를 가진 경우는 인종, 성별 등에 따라 10~50% 정도로 차이가 있다. 의사는 1차 치료제로 EGFR TKI 약물인 이레사®(Iressa®, 성분명: gefitinib), 타세바®(Tarceva®, 성분명: erlotinib) 등의 항암제를 처방한다. 이제 80~90% 환자에게서 암이 줄어든다.

그러나 보통 치료 후 10~12개월이 되는 시점에서 내성이 생기는데, 다시 암이 커지면서 치료를 중단한다. EGFR TKI를 투여받은 환자의 약 50~60%가 EGFR T790M 변이를 가지는데, 이를 억제하는 약물로 타그리소®(Tagrisso®, 성분명: osimertinib)가 있다. (유한양행은 타그리소의 효능은 유지하면서 안전성을 높인 레이저티닙[Lazertinib]을 개발하고 있다.) 그러나 이런 표적 항암제를 처방하더라도, 내성은 계속 생겨나고 암이 재발한다.

다이이찌산쿄는 내성을 늦추기 위한 전략으로 EGFR TKI와 AXL 저해제를 같이 처리하는 아이디어를

냈다. 특정 암에서 AXL은 암 성장을 돕고, AXL이 높게 발현할 경우 예후가 나쁘다고 알려져 있다. EGFR TKI 내성 메커니즘으로 AXL이 과발현된다는 연구결과도 있다. 두 약물을 병용투여하면 약물 내성이 지연되거나, 더 나아가 약물 내성을 극복할 수 있을 것이라는 생각이었다. 2018년 다이이찌산쿄는 EGFR 변이를 가진 비소세포폐암 환자에게 이레사와 AXL 저해제 DS-1205(저분자화합물)를 병용투여하는 임상을 시작했다. 2019년에는 타그리소와 DS-1205를 병용투여하는 임상도 시작했다.

그런데 문제가 있었다. AXL을 과발현하는 암 환자도 있지만, 그렇지 않은 경우도 있다는 점이다. 따라서 AXL 단백질의 발현 정도를 측정해야 한다. AXL을 발현하는 환자를 골라야 하는데, 이미 여러 차례 수술을 받고 약물을 처방받은 말기 전이암 환자에게, 조직에서 내성이 나타나면서 발현이 높아지는 AXL을 실시간으로 추적하기란 쉽지 않다. 해법은 단백질 발현을 볼 수 있는 순환종양세포 기반의 액체생검이었다.

다이이찌산쿄와 싸이토젠은 2016년부터 공동연구

를 했다. 비소세포폐암 환자에게서 AXL을 측정하는 연구로 몇 가지 성과를 얻을 수 있었다. 첫째, 약물을 투여하기 전 상태(baseline)에서 AXL 발현에 따라 두 그룹으로 환자를 나눌 수 있었다. EGFR TKI을 투여하기 전에 AXL 발현이 높은 환자와 AXL 발현이 미미한 환자가 있었는데, AXL 발현이 높으면 폐 이외의 여러 부위에서 전이가 일어나는 경향이 있었다. AXL 발현이 낮으면 전이가 폐에만 국한되는 경향이 보였다. 순환종양세포를 검사해 AXL 발현이 높으면 재발을 늦출 수 있도록 AXL 저해제와 EGFR TKI를 같이 투여하고, AXL 발현이 낮으면 EGFR TKI를 처방한다. 순환종양세포의 AXL 발현 정도에 따라 치료법이 달라질 수 있다.

둘째, EGFR TKI를 투여받은 환자에게서 순환종양세포의 AXL 발현을 장기간 추적하자 전이가 일어나기 전에 AXL이 올라가는 현상을 확인했다. 싸이토젠은 AXL 변화를 좀더 정확하게 측정하기 위해 AXL, TROP2, HER2, HER3 마커를 더했다. 약물을 투여하는 동안 AXL 수치는 계속 변하는데, 값이 변하지 않는 대조군(TROP2)과 AXL과 결합해 하위 신호전달을 조절하는 단백질(HER2, HER3)까지 같이 보기로 한 것이다. AXL 발현이 올라가면서 HER3가 같이 올라가고 동시에 HER2가 낮아지는 시점을, AXL 발현이 '진짜로' 올라가는 시점으로 정의했다. 싸이토젠의 아이디어는 분자 수준에서 전이가 일어나고, 암이 커지고, 치료를 중단하고, 검사를 통해 다른 치료법을 찾는 수고(?)를 하는 대신, 4주 간격으로 혈액을 뽑아 AXL 변화를 모니터링하는 것이다. 이렇게 해서 AXL 발현이 올라가는 시점에서 바로 AXL 저해제를 처리하는 것이다. 싸이토젠이 관찰한 초기 연구 결과에 따라면 대략 45~50주가 되는 시점에서 AXL이 올라가고, 전이가 일어나기 1~6개월 앞서 이러한 분자 수준에서 변화가 추적할 수 있었다.

### 확장성 2. PD-L1 액체생검

검증된 면역항암제 약물 반응 예측 바이오마커로는 PD-L1, MSI-H/dMMR, TMB 변이가 있다. PD-L1은 단백질, 나머지 두 개는 유전자 변이다. 세 개의 바이오오마커는 조직생검으로 측정한다. 단 유전자 변이의 경우 조직생검에 실패하거나 처음부터 검사가 어려운 환자에게는 액체생검으로 대체할 수 있다. 조직생검을 보완하는 개념이다. 가던트헬스(Guardant health)는 자체 액체생검 기술로 1,145개 샘플에서 MSI-H를 분석한 결과 조직생검 결과와 98.4% 일치한다는 결과를 발표했다(doi: 10.1158/1078-0432.CCR-19-1324).

그러나 PD-L1 바이오마커 검사는 조직생검이어야 하고, 조직생검을 할 수 없는 환자에게는 대안이 없다. 순환종양세포 기반 액체생검이 단백질 바이오마커 분석을 가능하게 해준다면 상황이 달라지겠지만 말이다.

싸이토젠이 타깃하는 환자군은 PD-L1 발현 조직생검을 받아야 하는 암 환자의 약 50%다. (물론 PD-L1 발현 여부와 상관없이 면역항암제를 투여받는 암종도 있다). 미국 기준으로 환자가 병원에 왔을 때 조직생검을 하겠다고 결정하는 비율이 60% 정도다. 조직생검 비용이 비싸다보니 40%는 다른 방법을 찾는 것이다. 조직생검을 하고, 검사 결과를 받을 확률이 70% 수준인 것을 고려하면, 결과적으로 약 40%의 환자만 조직생검의 혜택을 볼 수 있게 된다. 싸이토젠은 조직생검 비용의 10~20% 수준의 검사비용으로 액체생검을 받을 수 있는 연구를 하고 있다. 이점은 비용에만 있지 않다. 조직생검은 결과를 알기까지 2~3주가 걸리지만, 순환종양세포를 분석하는 싸이토젠의 기술로는 1~2일이면 충분할 것으로 전망한다.

암의 이질성 문제도 달라질 수 있다. 종양 덩어리는 균질한 특성을 갖지 않는다. 어느 부위 조직을 떼어내느냐에 따라 조직생검 결과가 다를 수 있다. PD-L1 발현 결과가 늘 일정하지 않을 위험이다. 임상 현장으로 가보자. 폐암 환자에게 키트루다®를 투여하기 전에 PD-L1 IHC 22C3 pharmDx 검사를 한다. 이때 조직생검으로 얻는 암 조직 샘플 조직의 두께는 3~4mm 정도다. 조직을 얻은 부위가 종양을 얼마나 대변하는지 확신하기 어렵다. 이런 이유로 PD-L1 음성 환자 가운데 약물 반응성을 보이는 환자가 종종 있다. 싸이토젠은 키트루다®를 투여받은 비소세포폐암 환자를 대상으로, 조직검사와 순환종양세포의 PD-L1 발현, 약물 반응률 등을 비교하는 임상을 시작했다.

## 확장성 3. 암 전이 조기진단

전이를 일찍 찾으면 암 환자를 치료하는 방법이 달라질 수 있다. 전이가 본격적으로 일어나기 전에 손을 쓰면 환자의 생존률도 높일 수 있다. 싸이토젠은 순환종양세포를 이용해 골 전이를 진단하는 키트를 개발하고 있다. 핵심은 오스테오칼신(osteocalcin)이라는 바이오마커다. 골다공증 환자 혈청에서 오스테오칼신 단백질 농도가 떨어진다. 그런데 암이 뼈로 전이되는 상황에서는 오스테오칼신 수치가 올라간다. 싸이토젠은 기존에 사용하는 호르몬 관련 마커와 암 특이적인 순환종양세포를 찾는 마커를 추가해 진단 특이성을 높이는 전략을 찾고 있다. 골 전이 빈도가 높은 유방암을 시작으로 전립선암, 폐암 등 암종으로 적응증을 확대해나갈 수도 있다. 정기적인 혈액 검사로 암 환자의 전이를 조기진단하는 키트를 상상해볼 수 있는 것이다.

## 미래

순환종양세포를 적용할 수 있는 분야는 무궁무진하다. 의료진 입장에서 순환종양세포 액체생검은 계속해서, 반복적으로 분석이 가능하다는 장점이 있다. 약물을 투여했을 때의 변화나, 암의 전이를 일찍 알아낼 수 있다는 장점도 있다. 몇백 개의 유전자 변이를 한꺼번에 분석하는 패널 검사 결과를 바탕으로 항암제를 선택하듯, 혈액 안 순환종양세포에서 암과 관련된 단백질을 한꺼번에 보는 패널 검사법도 상상해볼 수 있다. 순환종양세포는 연구자에게도 유용할 것이다. 다이이찌산쿄의 사례에서처럼 EGFR TKI을 투여받은 환자의 혈액에서 채취한 순환종양세포를 분석한다면 새로운 정보를 얻을 수 있다. 내성에 중요한 인자를 찾고, 치료제 개발로 이어질 수 있다.

### CCSC(circulating cancer stem cell)

'순환종양세포=전이'라는 공식은 정말 성립하는 것일까? 아니면 순환종양세포 가운데 전이에 더 중요한 타입이 있는 것일까?

싸이토젠의 의견에 따르면 순환종양세포를 세분화해야 한다. 혈액 안에 있는 cfDNA에서 더 들어가, 암과 관련 있는 ctDNA를 봐야 한다는 뜻이다. 순환종양세포의 역할은 다양하며, 암 전이에 결정적으로 관여하는 타입이 있다는 가정이다.

싸이토젠은 암 줄기세포 같은 특성을 띄는 순환종양세포를 'CCSC(circulating cancer stem cell)'로 정의했다. 아직은 좀더 입증이 필요한 아이디어 차원의 개념이다. 그러나 암 환자가 항암제를 투여받기 전과 후 치료 반응과, 재발 모니터링에서 암 전이와 관련된 순환종양세포를 봐야 정확하게 암 전이 진단을 할 수 있다는 점은 어렵지 않게 추측할 수 있다.

순환종양세포는 주로 발현하는 세포막 분자에 따라 대략

세 가지 타입으로 나눌 수 있다. 상피세포에 가까운 E-CTC, 상피중간엽전이 상태에 가까운 EMT-CTC, 중간엽세포에 가까운 M-CTC다. 초기 연구지만 암 환자에게 항암제를 투여하자 E-CTC가 금방 사라졌고, EMT-CTC는 줄어들었다 다시 늘어났다.

# IV

# 이미징마커
# 딥러닝과 홀로토모그래피

deep learning & HoloTomography

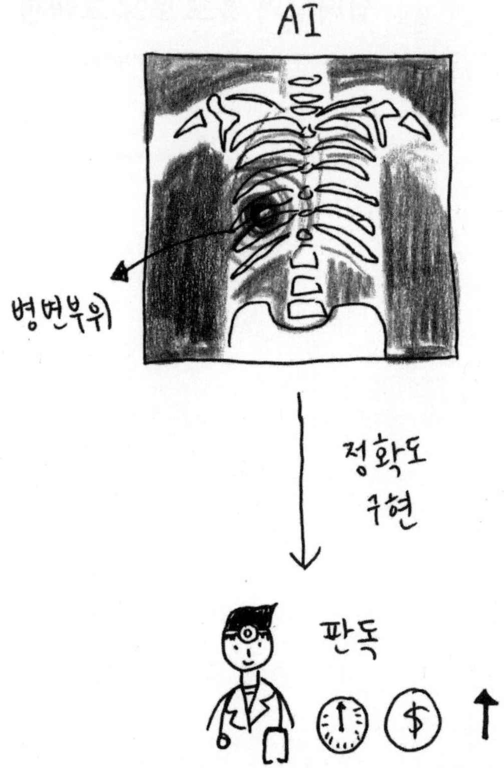
AI
병변부위
정확도
구현
판독

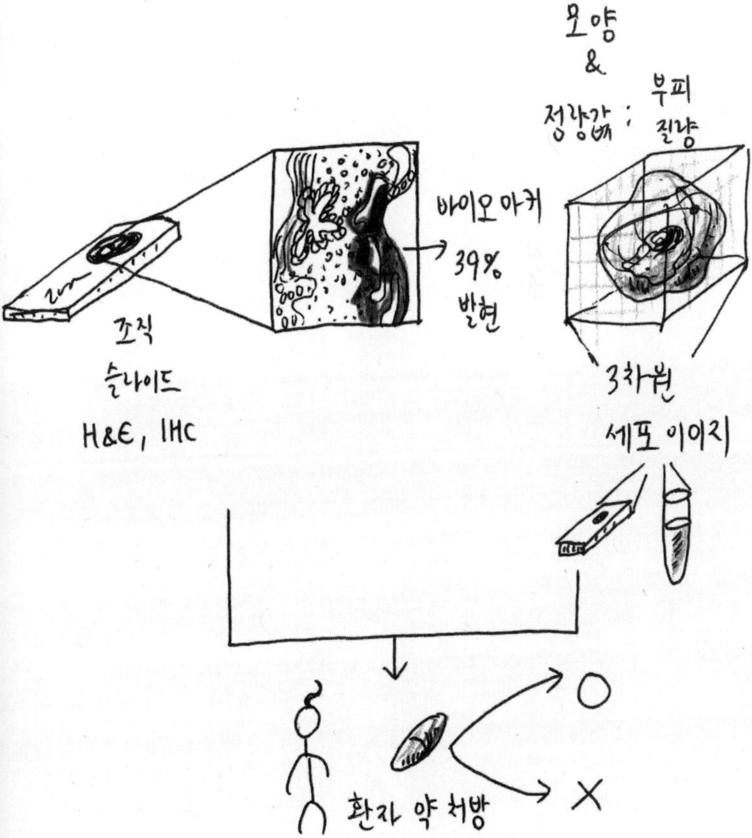
모양
&
정량값 : 부피
질량
바이오마커
39%
발현
조직
슬라이드
H&E, IHC
3차원
세포 이미지
O
X
환자 약 처방

## 정확성 1%의 의미

진단 분야에서 '인공지능(artificial intelligence, AI)을 적용한 진단', '딥러닝(deep learning)과 컨볼루션 신경망(convolutional neural network, CNN) 학습 방법을 적용한 이미지 진단', '디지털 병리학(digital pathology)' 등의 개념이 나타나기 시작했다.

인공지능은 앨런 튜링(Alan Turing, 1912~1954)이 제시한 개념이다. 앨런 튜링은 『마인드(*Mind*)』 저널에 게재한 「계산 기계와 지능(Computing Machinery and Intelligence)」이라는 제목의 논문에서 '기계가 생각할 수 있는가?(Can machines think?)'라는 질문을 던졌다. 비슷한 시기, 딥러닝의 뿌리가 되는 개념도 나왔다. 1943년 신경생리학자 워렌 맥클록(Warren McCulloch, 1898~1969)은 기계가 인간 뉴런의 정보 처리 과정을 흉내내는 수학 모델인 신경망(neural network) 수식을 제시했다. 뉴런은 수많은 동시다발적 신호(input)를 처리해 하나의 결과값(output)을 도출한다. 다만 이때까지 신경망 이론은 아이디어 수준이었다.

1958년 심리학자 프랭크 로젠블랫(Frank Rosenblatt, 1928~1971)은 신경망의 수학적 모델을 이용해 스스로 문제를 해결하는 퍼셉트론(perceptron)을 고안한다. 퍼셉트론은 딥러닝 초기 모델로 학습을 거친 후 사진을 보고 남자 또는 여자라는 답을 내는 단순한 문제를 풀 수 있었다. 그러나 1969년 컴퓨터 과학자 마빈 민스키(Marvin Minsky, 1927~2016)가 퍼셉트론이 가진 근본적인 한계(XOR problem)를 지적하면서 신경망 분야는 침제기에 빠진다. 1986년 기존 퍼셉트론 이론의 한계점을 극복하고, 올바른 답을 찾아갈 수 있는 다층 퍼셉트론(multilayer perceptron), 역전파법(backpropagaton) 이론이 나오면서 신경망이 다시금 주목을 받기 시작했지만, 복잡한 연산 탓에 성과를 내지 못하고 점점 방향을 잃어갔다. 더불어 이 시기 통계 기반이나 패턴 기반의 등의 다른 기계학습 알고리즘이 발전하면서 다른 분야로 관심이 쏠렸다.

신경망을 다시 끄집어낸 것은 기술의 발전이었다. 2000년대 초부터 극적으로 컴퓨터의 처리 속도가 빨라지고, 인터넷의 속도가 빨라지고, 방대한 양의 데이터가 쏟아지기 시작했다. 2006년 제프리 힌턴(Geoffrey Hinton, 1947~)은 역전파 이론을 제안했다. 넘쳐나는 데이터로 신경망을 사전 훈련(pre-training, 초기값 설정)하는 개념을 제시한 'A fast learning algorithm for deep belief nets'라는 제목의 논문을 발표했다.

2009년 미국 스탠퍼드 대학과 프린스턴 대학 연구진은 이미지 데이터베이스인 '이미지넷(Imagenet)'을 공개했다. 이미지넷은 딥러닝 연구를 위해 주석이 달아놓은 방대한 공개 시각 자료 데이터베이스였다. 이미지넷을 바탕으로 2010년부터는 인공지능을 이용해 이미지를 구별하는 대회(ImageNet large scale visual recognition challenge, ILSVRC)를 열었다. 개, 고양이 등 1,000개의 카테고리가 넘는 백만 개의 이미지를 얼마나 정확하게 분류해내는가 겨루는 대회다. 2012년 제프리 힌턴 연구팀은 대회에 참여해 CNN 기반의 딥러닝 알고리즘 알렉스넷(AlexNet)으로 기존의 알고리즘들과는 비교도 안 되는 성적으로 우승한다. 알렉스넷의 정답률은 83.6%, 오답률 16.5%였는데, 오답률은 10% 낮춘 것이었고, 딥러닝 기술에 대한 관심이 쏠렸다. 알렉스넷의

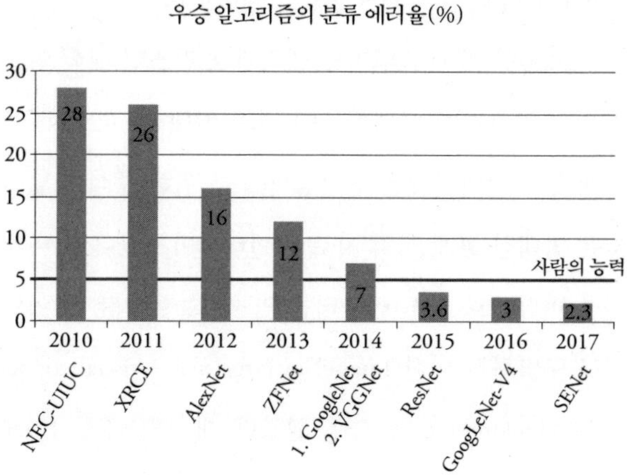


ILSVRC 대회 역대 우승 알고리즘들과 인식 에러율

우승은 이미지 인식 분야에서 딥러닝 기반 알고리즘의 지위를 상승시켰다. 2020년 현재 딥러닝 기반 이미지 인식 알고리즘은 사람의 인식 능력을 뛰어넘었다.

알렉스넷이 딥러닝으로 충격을 주고 있을 때 한국에서 이미지 인식 분야를 연구하던 6명의 대학원생들이 있었다. 카이스트(KAIST) 공대생 6명은 2013년 한국에서 처음으로 딥러닝 기술 기반 이미지 인식 알고리즘을 개발하는 클디(Cldi)를 세웠다. 클디는 딥러닝 알고리즘이 이미지를 정확하게 인식할 수 있다는 점을 이용해 패션 업계로 진출했다. 옷, 모자, 신발 등의 사진을 찍어 올리면 온라인 쇼핑몰에서 비슷한 제품을 찾아주는 서비스였다. 2014년 클디는 자체 개발한 딥러닝 기술로 이미지넷의 ILSVRC에 한국 최초로 출전해, 물체 검출 분야에서 7위라는 성적을 거뒀다.

그러나 기대와는 다르게 서비스는 시장에서 먹히지 않았다. 패션 아이템을 정확하게 찾는다고 해서 서비스를 이용하는 고객의 선택을 바꿀 수는 없었다. 패션은 취향이지 정확도의 문제가 아니었기 때문이다. 클디는 원점으로 돌아왔다. 딥러닝이 이미지 인식에 적용됐을 때의 장점은 정확도다. 이미 인간의 인식 능력을 뛰어넘었다. 클디는 이미지를 정확하게 인식했을 때 1%의 작은 차이가 의미를 갖는 분야에 대해 고민했다. 그리고 의료 분야에 대한 이야기를 들었다. 의료는 사람의 목숨이 걸린 문제다. 정확도가 1% 높아지면 얼마나 많은 사람을 구할 수 있을지 가늠하기 어렵다. 패션 아이템을 찾아주던 클디는 의료 영상 이미지 진단 알고리즘을 개발하는 루닛(Lunit)으로 바뀌었다.

루닛(Lunit)은 2016년 TUPAC(tumor proliferation assessment challenge)에서 구글과 IBM을 제치고 우승했다. TUPAC은 제시된 병리슬라이드를 인공지능 알고리즘으로 분석해 유방암의 진행 정도를 예측하는 대회로, 루닛은 800장의 병리 슬라이드를 분석해 유사분열세포 검출, 유전자발현, 유방암 진행도 예측의 세 부분에서 모두 1등을 했다. 2018년에는 루닛의 대표가 의사로 바뀐다. 공학자 출신 창립 멤버들에게 있는 기술에, 의료 현장의 경험을 더하기 위해서였다.

## GE헬스케어

루닛은 폐암과 유방암 영상 진단을 타깃했다. 폐암과 유방암은 진단부터 치료까지의 과정이 비교적 잘 정립된 암종이다. 환자를 찾아내는 영상 진단 방법이 있는데, 양성이 나오면 더 정확하게 진단하기 위해 다음 과정으로 넘어간다. 문제는 영상 기반의 암 진단이 사용되지만, 정확도가 높지 않다는 것이었다. 정확도가 높은 딥러닝이 파고들 수 있는 부분이었다.

폐암과 유방암 환자의 약 30%는 흉부 X선 검사와 유방 촬영술 영상 검사에서 오진으로 치료 시기를 놓친다. 의료 현장에서는 짧은 시간 안에 영상 이미지를 분석해야 하는데, 영상 전문의가 아니라면 판독 정확도는 더 떨어진다. 루닛은 영상 진단의 정확성이 일정 수준을 넘지 못하는 원인을, 인간의 시각으로 해석한 주관적 판단 때문이라고 보았다. 의사의 지식과 경험은 진단을 내리는 중요한 배경이 되는데, 의사의 지식과 경험은 모두 다르다. 진단 과정에서 체계화되어 있는 부분이 있지만 한계가 있다.

이제 사람의 개입 여부를 따져야 한다. 머신러닝은 기계가 학습하는 모든 알고리즘을 말하는데, 딥러닝보다 범위가 넓다. 결정적으로 두 기술을 구분하는 기준은 인간이 개입 여부다. 머신러닝에는 인간이 개입한다. 인간이 결과값을 예측하는 데 필요한 값을 입력해준다. 예를 들어 기계가 사과의 품종을 분류한다고 할 때, 인간이 모양, 색깔, 크기, 무게라는 기준(특성)을 설정해준다. 이런 데이터 값을 인간이 설정해주면 기계가 가중치(중요한 특성)를 학습하면서 정답을 찾는다.

딥러닝은 인간의 개입을 최소화한다. 대신 신경망 등 특정 알고리즘으로, 기계가 사과라는 데이터에서 중요한 특성을 찾아 이미지를 분류한다. 때문에 딥러닝의 정확도를 높이려면 최대한 많은 양의 양질의 데이터를 입력하는 것이 중요하다. 한편 딥러닝 모델로 사과를 분류했다면, 기계가 정확히 어떤 방법으로 분류했는지 사람은 짐작만 할 뿐 정확하게 알 수 없다. 이는 딥러닝의 한계라고 여겨지기도 하지만 장점이기도 하다, 사람이 보지 못하는 패턴을 찾을 수 있기 때문이다.

루닛은 데이터만으로 진단하는 딥러닝 모델에 집

중했다. 딥러닝 모델을 구현하려면 충분한 데이터가 있었야 한다. 그리고 한국의 건강보험체계는 방대한 양의 영상 자료를 확보하고 있다.

폐전이암의 이미지를 학습하는 상황이라면, 외국의 경우 폐전이암 X-레이 사진과 의사의 진단을 매칭하는 식으로 접근한다. 그런데 루닛은 X-레이 사진과 확진에 쓰이는 PET-CT 데이터를 매칭했다. 충분한 PET-CT 데이터가 있기에 가능한 일이었다. 또한 의사가 지정하는 병변 부분을 중심으로 인공지능 분석을 적용하지 않고, 전체 이미지를 딥러닝 알고리즘이 분석할 수 있게 디자인했다.

루닛은 2019년 일본 후지필름, 2020년 GE헬스케어에 인공지능 소프트웨어를 공급하는 파트너십을 맺었다. GE헬스케어는 글로벌 1위 의료영상장비 기업으로, X-레이 장비와 영상저장 및 전송시스템(PACS) 분야에서 글로벌 시장 점유율 30%를 차지한다. 루닛은 GE헬스케어 제품에 자체 개발한 딥러닝 소프트웨어를 탑재한다. GE헬스케어와 루닛은 흉부 엑스레이 이미지상에서 비정상적인 병변을 검출하고 병변의 위치와 실제 있을 확률을 계산하는 소프트웨어 '루닛 인사이트 CXR'을 GE X-레이 장비에 설치한 '흉부케어 스위트(thoracic care suite)'라는 제품을 출시했다. 루닛 인사이트 CXR은 폐렴, 폐 결절, 기흉, 폐암 등 X-레이 상에서 보이는 비정상적인 흉부 병변을 97~99% 정확도로 검출한다.

X-레이 기기와 시스템은 병원에서 의사가 이용한다. 의사는 진단의 정확도를 높여야 하고, 병원은 비용을 줄여야 한다. 현재 의료 시스템에서는 이 두 가지를 모두 충족하기가 어렵다. 그런데 의사가 루닛 인사이트 CXR을 이용하자, 판독 속도와 건수가 50% 개선되었다. 특히 코로나19(COVID-19) 감염증 상황에서 이러한 수요가 명확하게 드러났다. 코로나19 환자로 병원의 인프라가 부족해진 상황에서 한국, 이탈리아, 브라질, 인도네시아, 프랑스, 포르투갈, 파나마 등 10개 국 의료진은 코로나19 환자와 의심 환자를 골라내기 위해 흉부 엑스레이 영상 분석에 루닛 인사이트 CXR을 채택하려는 움직임이 일어났다. (루닛은 무료로 데모 버전 소프트웨어를 공급하고 있다).

그런데 왜 GE헬스케어는 자체적으로 AI 분석 소프트웨어를 출시하지 않을까? GE헬스케어는 이미 수많은 의료 장비를 개발·판매하고 있다. 더 많은 일을 벌이기는 것보다는 좋은 소프트웨어를 사서 쓰는 것이 더 효율적이다. 의료기기 분야에서 M&A로 성장하는 것은 흔하다. 2020년 상반기 바이오 분야에서 일어났던 가장 큰 딜은 써모피셔(Thermo Fisher)가 네덜란드 퀴아젠(QIAGEN)을 115억 달러에 인수한 건이었다.(다만 코로나19 팬데믹의 영향으로 퀴아젠 실적이 개선되면서 인수는 무산되었다.)

## 의사를 설득할 수 있는 힘

루닛의 전략에서 주목할 점은 '논문을 발표하고 학회에서 기술성을 검증한다'이다. 루닛은 2020년 2월에도 의사가 AI를 이용해 유방암 판독 정확도를 높인 연구 결과를 세계적인 권위지 『란셋 디지털헬스(*The Lancet Digital Health*)』에 게재했다(10.1016/S2589-

7500(20)30003-0). 연구에 사용한 것은 2019년 식품의약품안전처로부터 유방암 진단 보조 소프트웨어로 3등급 의료기기 허가를 받은 루닛 인사이트 MMG(Lunit INSIGHT for Mammography)다. 연구는 연세대학교 세브란스병원, 서울아산병원, 삼성서울병원 등 한국의 주요 대학병원과 미국, 영국 병원 등 5개 기관에서 수집한 17만 건의 데이터를 분석하는 것이었다. 지금까지 진행된 AI 유방암 진단 연구 중 가장 큰 규모의 악성 유방암 데이터를 이용했다. 이전에 유방촬영술 CAD 개발에 사용한 샘플은 5,000건보다 적었다(Pubmed 2020.01 기준). 또한 이전 연구는 단일 혹은 두 개 기관 데이터만 이용했다면, 루닛은 다기관 연구(multi-center)를 진행해 여러 인종 데이터(아시아인, 백인)를 이용했다. 나라별로 한국 데이터 14만 5,663건, 미국 데이터 1만 8,024건, 영국 데이터 6,543건이었다.

루닛 연구진은 AI 학습과 제품 개발을 위해 조직검사 유방암 확진 환자 샘플 3만 6,468건, 조직 검사 양성종양(benign) 확진 환자 샘플 5만 9,544건, 정상 환자 샘플 7만 4,218건 등 총 17만 230건의 유방촬영술 이미지 데이터를 이용했다.

루닛의 전략에서 또 주목할 점은 '의사를 설득할 수 있는 임상시험 디자인'이다. 루닛은 각 암 분야로 넓힐 때마다 의사를 채용해 실제 임상을 디자인하고, 병원과 빠르게 소통한다. 실질적인 도움을 줄 수 있는 세계적인 전문가를 실질적인 자문위원으로 활용하는 것도 적극적이다. 루닛이 의사를 설득할 수 있는 임상시험을 어떻게 디자인하는지 살펴보자.

유방촬영술(mammography)은 유방암 환자를 진단하는 데 가장 많이 쓰이는 방법 가운데 하나다. 문제는 10~30%의 유방암 환자가 정상으로 잘못된 진단을 받는데(false-negative), 치밀유방 조직(dense parenchyma)이 병변을 가리거나 인식/판독 오류 등이 주요 원인이다. 한편 유방촬영술에서 양성 진단을 받고 조직검사를 진행한 환자 가운데 약 28.6%만이 실제 유방암 환자로 확진받는다(2017년 미국 기준). 유방촬영술 이미지 해독이 까다로워 판독자마다 유방암을 찾는 정확도가 차이난다는 문제도 있다. 민감도는 최대 20%까지 차이가 난다고 알려져 있다. 이에 루닛은 유방암 환자를 찾는 유방촬영술 판독 정확도를 높여, 불필요한 검사를 줄이기 위해 AI 기반의 유방암 진단 보조 소프트웨어를 개발했다.

루닛은 AI, 전문의, AI+전문의의 유방촬영술 판독 결과를 직접 비교하는 임상시험 결과를 준비했다. 유방촬영영상을 판독할 때 영상의학 전문의가 AI를 활용할 경우 판독 능력이 높아졌다는 점이 결과로 나왔다. 연구에는 영상의학 전문의 14명이 참여해 각각 암 샘플 160개, 정상 샘플 160개로 총 360개 이미지를 판독했다. 먼저 유방암 검출 정확도 측면에서 AI는 88.8%(82.80~93.19)의 민감도를 보인 반면, 영상의학 전문의는 75.3%(73.43~77.04)의 민감도를 보였다. 이때 전문의가 AI의 도움을 받았을 때 민감도가 84.8%(83.22~86.24)로 향상됐다.

또한 유방암 환자가 아닌 환자를 제외하는 특이도(specificity) 지표에서 AI는 81.7%(75.02~87.51)의 특이도를 보인 반면, 영상의학 전문의는 71.96(70.05~73.82)의 특이도를 보였다. 이때 전문의가 AI의 도움을 받았을 때 특이도가 74.64%(72.29~76.43)로 높아졌다.

그러면 AI 활용에 의한 판독 정확도 향상할 수 있었던 이유는 뭘까? 연구진은 AI가 의사 대비 특정 형태의 유방암들을 높은 정확도로 검출할 수 있었기 때문이라고 설명했다. 크게 3가지 케이스에서다.

첫째, AI는 영상의학과 전문의와 비교해 종괴(mass)를 검출할 확률이 높았으며(90% vs 78%, p=0.044), 왜곡 또는 비대칭 형태(distortion or asymmetry)의 유방암 검출에서도 민감도가 우수했다(90% vs 50%, p=0.023). 이 부분이 기존의 유방암 진단 AI와 비교해 특히 경쟁 우위를 가지는 부분이다.

둘째, AI의 높은 정확도는 진단이 어려운 조기 침윤성 유방암의 검출에 더욱 뛰어났다. 영상의학 전문의의 경우 T1 암과 림프절 비전이 암(node-negative cancer)에 대해 모두 74%의 민감도를 보인 반면, AI는 각각 91%, 87%의 민감도를 보였다(각각 p=0.039, p=0.0025).

셋째, 상대적으로 AI 진단 성능은 유방 밀도(density)에 영향을 덜 받았다. 유방 조직의 밀도는 유방촬영 영상 진단에 중요한 요소다. 아시아 인종은 서양인 대비 유방 밀도가 높은 치밀 유방 비율이 높으며, 유방암 병소가 유방 조직에 가려질 가능성이 높아 유방촬영영상 판독의 정확도가 떨어질 수 있다. 논문에 따르면 치밀 유방에 대한 전문의의 민감도는 73.8%로, 치밀 유방이 아닌 경우 79.2%로 민감도가 높았다. 이때 AI의 도움을 받을 경우 전문의의 치밀 유방 판독 민감도가 85.0%로 크게 향상됐다.

### 디지털 병리학(Digital pathology)

병리 이미징 바이오마커 분석은 의사의 치료제 선택을 도울 수 있다. 디지털 병리학의 개념은 간단하다. 병리 조직의 전체 슬라이드 이미지(whole-slide image, WSI)를 컴퓨터 분석을 위해 스캐닝하는 기술이 병리 이미징 바이오마커의 시작이었다. WSI는 환자의 병변 조직을 떼어내 몇 μm 단위로 얇게 잘라 유리 슬라이드에 올려 고정시킨 다음 염색하고, 현미경으로 관찰할 수 있도록 만든 샘플이다. 병리학자는 현미경으로 이 샘플을 보면서 종양 조직에서 종양 세포의 분열 정도, 세포 구조와 혈관을 보면서 병을 진단했다. 디지털 병리학은 조직 샘플의 고해상도 이미지를 스캔해 컴퓨터로 보겠다는 것이다.

데이터를 컴퓨터에 저장하는 것은 그리 이상할 것이 없어 보인다. 그러나 환자의 생명이 걸린 일에 익숙하지 않은 것을 선택하기는 어렵다. 현미경 아래 있는 유리 슬라이드를 직접 보던 것과, 컴퓨터 화면으로 보는 것은 다르게 느껴지며, 규제기관에서도 이를 승인하는 데는 숙고가 필요하다.

2017년 미국 FDA는 조직을 떼어내 만든 병리 슬라이드(WSI)를 광학적으로 스캔해 디지털화하는 장비 PIPS(Philips IntelliSite Pathology Solution)를 승인했다. 이는 첫 번째 디지털 병리 이미징 바이오마커 제품이다. PIPS는 유리 슬라이드 위에 있는 조직을 400배 해상도로 스캔해 저장한다. 승인 과정에서 몸 여러 부위에서 얻은 2,000개의 병리 조직의 샘플의 현미경 화면과 컴퓨터 화면을 비교했고, 정밀성과 신뢰성, 임상적 연관성이 동등하다는 것을 인정받았다. PIPS로 1차 진단을 할 수 있으며, 2018년 식약처로부터 시판허가를 받아 한국에도 도입됐다.

2018년에는 IDx가 개발한 당뇨성 망막병증(diabetic retinopathy) 이미지 바이오마커 기반 진단제품 IDx-DR이 처음으로 시판허가를 받았다. 당뇨병 환자의 망막 사진을 찍은 후 IDx-DR가 이미지 결과를 해석해 당뇨병성 망막병증이 있는 부위를 판별한다.

루닛은 디지털 이미지를 확보해 자료를 쌓는다. 조직 한 개에 대한 데이터는 영화 한 편 정도의 용량(3~5G)을 가지는데, 이를 바탕으로 딥러닝을 거쳐 정보와 패턴을 찾는다는 비전이다. 딥러닝의 특징에 따라 사람이 구분하지 못했던 부분까지 바이오마커로 이용할 수 있다. 루닛의 암 조직 분석 소프트웨어 루닛 스코프(Lunit SCOPE)는 비소세포폐암 환자의 폐 영상을 분석한다. 면역항암제 처방에 기준이 될 수 있는 바이오마커를 이미지로 분석하는 컨셉이다.

먼저 삼성서울병원와 공동연구를 시작했다. 면역관문억제제를 처음으로 투여받은 비소세포폐암 환자 1,824명의 조직 슬라이드를 얻었다. 비소세포폐암 환자의 슬라이드 조직 샘플에 헤마톡실린&에오신(H&E)

염색과 PD-L1을 찾을 수 있는 면역조직화학염색을 하고, 사진을 찍어 이미지를 만들고, 비소세포폐암에 걸리지 않은 정상조직 샘플 이미지 사진도 마찬가지로 확보한다. 둘을 비교분석해 데이터베이스화 한다. 이후 새로 찍은 사진을 데이터베이스와 비교분석해 비소세포폐암 유무를 진단한다.

여기에 H&E과 PD-L1 염색을 한 조직에서 종양침투림프구(TIL) 등 미세종양환경(TME)에 있는 면역 요소 분석도 포함시켰다. 면역관문억제제가 반응하는지(responder) 반응하지 않는지(non-responder)를 나누는 기준으로는 부분반응(PR), 완전관해(CR), 6개월 이상 안정병변(SD)을 나타내면 반응으로 보았다.

2019년 미국 임상종양학회(ASCO)에서 발표한 루닛 스코프의 성적은 이렇다. 면역관문억제제를 투여받은 비소세포폐암 환자 189명을 대상으로 한 연구결과다. 우선 기존 병리학적으로 방법으로 PD-L1 발현을 확인했다. 1%보다 높으면(PD-L1 IHC≥1%) 양성으로 분류했는데 138명(73%)이 양성으로 나왔다. 추적 기간의 중간값은 6.8개월(6.6~8.2개월)이다. 189명 가운데 면역관문억제제에 대한 약물 반응률은 38.1%였다. 면역관문억제제에 반응했거나 반응하지 않은 중간값은 0.391, 0.205로 둘을 나누는 기준점(cut-off)은 0.377이었다. 임상충족점은 무진행생존기간(PFS)으로 루닛 스코프로 환자를 나눴을 때 PD-L1 양성, 음성 각각 무진행생존기간이 5.1개월(83명), 1.9개월(106명)이었다.

루닛 스코프를 이용한 연구에서 눈여겨볼 것은 기존 PD-L1 양성/음성 바이오바커와 비교한 결과다. 예를 들어 기존 방법으로 PD-L1 음성이라고 진단되어 면역관문억제제에 반응하지 않을 것이라 했던 환자를 루닛 스코프로 분류하자 52%가 양성으로 나왔다. 실제 면역관문억제제에 반응한 환자를 더 찾아낸 것이다.

반대로 면역관문억제제에 반응할 것이라고 진단된 PD-L1 양성 환자를 루닛 스코프로 재분류한 음성환자 62%에게서 반응이 없는 것으로 결과가 나왔다. 비싼 면역관문억제제를 투여해도 효과가 없을 환자를 더 찾아냈다.

결과적으로 PD-L1 양성 환자에게서 면역관문억제제에 대한 약물반응률은 49%에서 65%로 높아졌다. 또한 암 상피조직에서 종양침투림프구(TIL) 밀도와 루닛 스코프 진단 결과 사이에는 유의미한 연관성을 확인했다(Pearson's r=0.310, P=1.43e-5).

## 두 번째 케이스: 종양침윤림프구(TIL) 분류

암 환자의 면역항암제 반응률을 정확하게 예측하려면 현재의 불완전한 PD-L1 바이오마커를 극복하고, 종양 조직 안에서 면역세포 분포를 분석하는 접근법이 필요하다. 로슈 제넨텍과 아스트라제네카 등 PD-(L)1 약물을 개발하는 곳에서는 여러 암종에 걸쳐 종양 내 면역세포 분포 정도와 환자 예후 사이의 관련성을 강조한다. 그러나 2020년 현재 기준으로, 병리학자가 염색한 조직을 눈으로 구분해 종양 내 면역세포 분석하고 객관적 값을 도출하는 방법은 없다.

루닛은 이 문제에 다른 접근법을 시도한다. 2020년 5월 열린 ASCO에서, 루닛 스코프로 종양침윤림프구(TIL) 분포를 세 가지 면역학적 표현형으로 분류한 결과와 실제 면역항암제 치료를 받은 환자의 예후 사이 연관성을 가진다는 것을 입증했다. 종양 내 TIL이 많은 환자에게서 무진행생존기간(PFS)이 길었다. PFS가 짧은 환자에게서는 조직의 면역형이 면역결핍 형태로 바뀌는 패턴이 보였다.

AACR 2020에서는 루닛 스코프로 암조직의 종양미세환경(TME)을 나눈 바이오마커와 유전체 데이터와 연관성 사이에 유효한 결과가 나온 것을 발표했다. 전사체 분석 결과 면역을 억제하는 치료 타깃에 대한 단서도 볼 수 있었다. 루닛, 미국 노스웨스턴 메디슨(Northwestern Medicine), 삼성서울병원 연구팀의 공동연구였다.

루닛 스코프 분류법에 따라 종양미세환경을 세 가지로 정의했다.

▲ 면역활성(inflamed): 종양조직 내 림프구↑

▲ 면역제외(excluded):

종양조직 내 림프구↓, 스트로마 내 림프구↑

▲ 면역결핍(desert):

종양조직 내 림프구↓, 스트로마 내 림프구↓

비소세포폐암 샘플 965개 가운데 폐선암종(lung adenocarcinoma, LUAD)에서 면역활성 40.7%, 면역제외 27.9%, 면역결핍 31.4% 비율을 확인했다. 또한 편형세포암종(squamous cell carcinoma, LUSC)에서는 면역활성 25.9%, 면역제외 39.3%, 면역결핍 34.8% 빈도로 나타났다.

세 가지 타입에 따라 CD8+ T세포, M1 대식세포(macrophage), PD-L1 발현 유무를 분석한 결과, 종양미세환경에서 CD8+ T세포와 M1 대식세포 침투 정도에 따라 면역활성 혹은 나머지 타입이 구분됐다. 기존 면역항암제 바이오마커로 사용되는 PD-L1 발현에는 차이가 없었다. 즉 예측 바이오마커로서 면역세포 기반의 바이오마커는 PD-L1와는 다른 패턴을 보이며, 구별해 이해해야 한다.

종양미세환경의 면역활성과 면역제외 타입 사이의 신호전달 차이를 분석한 결과는, 면역활성 조직에서 인터페론 감마(IFN-γ) 신호전달이 유의미하게 높아져 있었다($p=0.008$). 반대로 면역제외 조직에서는 해당작용(glycolysis), 지방산(fatty acid), 콜레스테롤(cholesterol)

등 대사 신호전달이 유의미하게 높아져 있었다(모두 p=0.02).

세 가지 면역타입에 따른 유전자 변이도 확인했다. 각 유전자 변이 빈도를 보면 EGFR 변이는 면역활성(15.1%), 면역제외(50.9%), 면역결핍(34.0%)으로 나타났으며, ALK, ROS1, RET는 면역결핍에 주로 분포됐다. 반대로 MET 스플라이싱 변이는 면역활성(87.5%, 7/8개)에서 높게 관찰됐다.

결론적으로 루닛 스코프를 이용한 연구는, 비소세포폐암 암 조직에서 세 가지 면역타입에 따라 다른 전사체 및 생물학적 특성을 확인할 수 있었다. 눈여겨볼 것은 면역제외 타입에서 해당작용과 콜레스테롤 등 대사 변화가 두드러졌으며, 연구진은 면역회피(immune evasion) 메커니즘의 가능성을 제시했다는 점이다.

## 하트플로우

이제 현실적인 문제로 돌아와보자. 인공지능, 머신

러닝, 딥러닝 기반의 진단 제품을 만드는 것은 좋다. 그러나 현장에서 사용되려면 보험 적용을 받아야 한다. 심혈관계 질환에서 사보험 수가를 적용받은 딥러닝 기반의 '하트플로우(HeartFlow)'라는 제품은 이 문제에 대한 한 가지 답을 보여준다.

하트플로우는 기계공학자 찰스 테일러와 혈관수술 전문가 크리스토퍼 자린 박사가 11년 동안 개발한 제품이다. 관상동맥 질환을 확진하려면 침습적인 관상동맥 조영술(Coronary angiography)을 해야 한다. 손목, 사타구니 등 조직을 절개해 가느다란 플라스틱 관을 혈관에 삽입하는 방식으로 조영제를 주사해서 확인한다. 일반적으로는 출혈 부작용이 있지만, 심한 경우 알레르기 반응, 뇌졸중, 심장마비 등의 위험이 있다. 결정적으로 혈액의 흐름은 알지 못한다는 한계가 있다. 하트플로우 제품은 비침습적이고, 안전하고, 싼 가격으로 불필요한 관상동맥조영술을 피할 수 있게 해주며, 정말로 치료가 필요한 환자를 골라낸다.

하트플로우 서비스는 심장 근육에 혈액을 공급하는 관상동맥 CT 영상을 바탕으로 3차원 모델을 만든다.

CT 영상을 하트플로우 전용 사이트에 올리면 하트플로우는 CT 영상에서 관상동맥에서 분리되는 혈관 가운데 비정상적으로 좁아진 부위를 찾고, 혈류량을 계산해 수치화하고, 색으로 구분해 3차원 이미지로 보여준다. 정확도는 90% 이상이다. 이를 바탕으로 의사는 협심증과 심근경색으로 의심되는 환자에게 이후 검사와 치료제를 처방할 것인지 판단한다. 실제 하트플로우를 사용한 의사 가운데 2/3는 수술 없이 약물만 처방하는 등 치료 계획을 바꿨다.

## 사람의 역할

루닛은 장점을 장점으로 활용하는 방법을 알고 있다. 많은 양의 영상 이미지 데이터를 처리해서 예측값을 만들어내는 알고리즘 연구는 모든 분야에서 진행하고 있다. 여기서 핵심은 '많은 양'과 '좋은 질'이다. 한국에는 대형 종합병원이 많고, 대형 종합병원에는 암 환자들이 많으며, 암 환자들은 매우 규칙적이며 성실하게 의료진의 지시에 따라 X-레이, CT, MRI, PET 같은 영상 이미지 데이터 자료 생성에 참여한다. 알고리즘을 정교하게 만들고, 정확도를 높이는 데 체계적으로 관리된 풍부한 데이터가 필요하다. 어떤 데이터를 가지고 예측 알고리즘을 만들까를 결정하는 단계에서 루닛은 가장 적합한 분야를 잡아냈다.

그러나 체계적으로 관리된 풍부한 데이터만으로 성과를 낼 수는 없다. 더 중요한 것은 목표를 정하는 것이다. 그렇다면 X-레이 영상으로 암을 찾아내고, 적합한 치료제를 골라내는 것이 목표였을까? 만약 이렇게 목표를 잡았다면 지금의 탁월함에 이르지는 못했을 것이다. 루닛이 세웠던 초기 목표는 암을 찾고 치료제를 고르는 것이 아니라, 암을 찾아왔고 치료제를 골라왔던 사람의 판단을 맞추는 것이 목표였다. 진단을 내리고 처방을 내리는 마지막 단계에는 의사가 있다. 모든 진단 도구는 의사의 마지막 단계를 돕기 위한 것이다. 그러니 판단을 내리는 의사가 데이터를 어떻게 받아들이고, 정리해서, 판단하는 경로를 따라가는가를 이해하는 것이 중요하다. 루닛은 개발 초기부터 의료진이 참여한다. 그리고 그 과정에서 의사보다 한 가지를 잘 할 수 있게 된다면, 지금보다 더 높은 정확도를 가질 수 있다.

## 현미경의 스펙

현미경은 반사와 굴절 원리를 활용한다. 우리가 무엇을 본다는 것은, 그 무엇에서 나오는 빛을 보는 것이다. 스스로 빛을 내는 것은 태양뿐이니, 눈에 보이는 물체는 태양에서 나온 빛을 반사한다. 물체의 형태와 재질에 따라 반사하는 빛의 파장이 달라지고, 그렇게 달라진 파장이 눈으로 들어와 뇌에서 조합되어 이미지로 재구성되면, 우리는 무엇을 보았다고 느낀다.

수많은 바이오테크 연구실에 있는 현미경도 무엇을 보는 도구다. 따라서 현미경에도 반사와 굴절 원리가 적용된다. 5천만 원 정도면 좋은 것을 살 수 있는 광학현미경(optical microscope)은 가시광선을 이용하는데, 배율은 보통 40~1,000배 정도로 조직이나 세포의 겉면을 볼 수 있다. 상대적으로 값이 싸고 사용이 쉬운 장점이 있지만, 형광을 표지해(fluorescent labelling) 조직이나 세포의 내부를 입체적으로 관찰하기에는 한계가 있다.

대학 연구실이나 바이오테크 연구실이면 한두 개 정도 가지고 있는 공초점광학현미경(confocal microscope)은 비싼 것이 5억 원 정도 한다. 빛을 사용한다는 점에서 광학현미경과 같지만, 빛의 종류가 다르다. 가시광선이 아니라 레이저를 이용한다. 레이저의 파장에 맞는 형광을 표지해서 이미지를 얻을 수 있고, 레이저의 투과능에 따라 조직이나 세포의 내부도 입체적으로 관찰할 수 있다. 레이저와 형광 표지의 강도에 따라 스캐닝 시간을 조절해 해상도를 조절할 수 있다.

특정한 파장에 레이저를 반사하는 형광 물질을, 역시나 특정한 물질에 표지하면, 해당 물질만 정확하게 볼 수 있다. 예를 들어 샘플에 액틴(actin)을 표지하는 형광 항체를 이용하면, 샘플에서 액틴만을 볼 수 있다.

그러나 모든 것이 좋다고 할 수는 없다. 형광 표지를 하고 싶은 A단백질이 있다. 그런데 A단백질에 바로 결합하는 형광 물질이 없다. 이 경우 A단백질에 결합하는 a항체를 이용한다. a항체에는 표지할 수 있는 형광 물질이 있기 때문이다. A′단백질에 형광 표지를 하려는데 A단백질에 결합하는 a′항체에도 형광 물질을 표지할 수 없으면, 형광 물질을 표지할 수 있으며 a′항체에 결합하는 a″항체를 이용하기도 한다. 이렇게 보려는 모든 물질에 형광 표지를 할 수 없다는 조건은, 실험의 설계를 요구한다. 물론 누가 설계를 어떻게 하느냐가 결과의 차이를 가져올 수 있다. a항체에 형광 물질을 약하게 결합하면, 레이저로 이미징할 때 레이저 파장의 에너지에 의해 형광 표지가 없어지기도 한다(photobleaching, 광표백).

파장이 짧은 빛을 사용할수록 그만큼 작은 물질을 볼 수 있다고 했다. 극단적으로 전자 수준까지 파장이 짧아지면 얼마나 작은 물질을 볼 수 있게 될까? 투과전자현미경(transmission electron microscope)은 전자를 쏘아 이미징하는 방식으로 광학현미경보다 약 1,000배 짧은 파장으로 50pm 크기의 원자까지도 볼 수 있다. 좋은 투과전자현미경은 50억 원 정도하며, 현미경은 작은 건물 크기의 실험실에서 운용해야 한다. 좋은 투과전자현미경은 가격이 비싸고 제한된 장소에서 운용해야 하는 한계가 있다.

투과전자현미경을 다루는 전문 오퍼레이터도 따로 있다. 이 오퍼레이터는 투과전자현미경을 이용하려는 매우 다양한 분야 연구자들의 오퍼를 받는다. 따라서 잘 조작하면 볼 수 있는 이미지를 못 보는 경우도 생긴다. 전문 오퍼레이터가 필요할 정도로 섬세한 장비이니 작은 조작의 차이, 특히 해당 분야를 알고 있는지 여부 등은 결과에 커다란 차이가 되어 돌아온다.

### 이미징 바이오마커

현미경의 스펙을 이렇게 장황하게 다루는 이유는, 진단에 사용하는 이미징 바이오마커와 관련해서 현미경이 중요하기 때문이다. X-레이와 CT, MRI와 PET 모두 이미징 마커와 관계된다. 현미경은 보는 도구이기에, 이미징 바이오마커 개발에 중요한 역할을 할 수 있다. 더 좋은 현미경은 더 좋은 이미징 바이오마커를 찾는 데 빼놓을 수 없는 조건이다.

대부분의 연구실에서는 형광 표지 방식으로 현미경을 사용한다. 그러나 살아 있는 세포에 형광을 표지해 관찰하는 것은 기술적으로 어렵다. 이런 이유로 세포를 파라포름알데하이드(paraformaldehyde) 같은 약품으로 고정(fixation)한 상태로 관찰한다. 즉 죽은 세포를 관찰한다.

문제는 죽은 세포를 관찰했을 때의 한계다. 세포내 소기관인 미토콘드리아가 파킨슨 병, 알츠하이머 병 등의 질환과 관계가 있다는 연구가 발표되고 있다. 따라서 미토콘드리아의 메커니즘을 좀더 정확하게 이해하고 나아가 병리 메커니즘까지 이해한다면, 이런 질환들을 찾아내거나 치료하는 데 도움이 될 것이다. 지금은 어떤 약물을 미토콘드리아에 처리했을 때 어떻게 변하는지를 정해진 시간에 따른 단계로 구분하고, 해당 단계에서 형광 표지를 한 샘플을 공초점광학현미경으로 이미징해 변화를 분석한다. 거의 모든 연구실에서 이런 방법을 쓰고 있으며, 이 방법으로 진단법도 치료제도 개발해 왔다. 그러나 시간이 걸린다는 점, 각 단계와 단계 사이에 생기는 공백은 채울 수 없다는 점은, 변화의 양상으로 가설을 세우고 확인하는 연구에서 한계가 있다. 너무 당연해서 한계를 한계라고 느끼지 못할 뿐이다.

## 홀로토모그래피

모르고 지나쳐온 한계가 한계였다는 것을 알려주는 것은 새로운 기술이다. 토모큐브(Tomocube)는 형광 표지를 하지 않고, 바로, 살아 있는 세포의 변화를 3차원 이미지로 구현해 실시간으로 동영상까지 찍을 수 있는 현미경 기술을 개발했다. 홀로토모그래피(holotomography) 현미경은 CT와 비슷하다. 관찰하려는 대상에 모든 방향에서 레이저를 쏘고, 레이저의 굴절률을 계산해 얻은 데이터 값을 이미지로 구현한다. 모든 방향에서 데이터 값을 얻을 수 있으므로 입체화된 이미지를 볼 수 있는데, 홀로토모그래피는 굴절률(refractive index, RI)이라는 고유의 물질량 값을 기반으로 이미지를 만들기 때문에 누가 찍어도 같은 값이 나온다. 투명한 조직이나 세포를 관찰할 때 쓰는 염색법은, 염색약 사용량이나 언제 염색을 했는지 등 세부적인 것들에 따라 결과값이 달라질 수 있다. 실험 과정에 '손을 탈 수 있다'는 문제에서 홀로토모그래피는 자유롭다.

홀로토모그래피 현미경으로 세포를 관찰한다면 세포내 소기관들의 농도 차이가 핵심이 된다. 세포내 소기관은 저마다 농도가 차이가 나는데, 이는 굴절률의 차이로 계산해볼 수 있다. 굴절률의 차이가 나오면, 이를 바탕으로 부피와 질량까지 알아낼 수 있다. 이렇게 되면 마치 환자의 CT 사진을 보듯, 세포내 소기관의 모습을 3D로 볼 수 있고 더 많은 정보를 알아낼 수 있다. 더불어 살아 있는 세포를 볼 수 있기 때문에, 최대 0.4초 단위로 변화하는 영상을 얻을 수 있다. 유연하게 흐르는 동영상이라고 할 수는 없지만, 동영상에 버금가는 수준으로 변화의 양상을 볼 수 있다.

홀로토모그래피의 아이디어는 1970년대에 이미 나왔다. 그러나 기술적으로 구현이 어려웠고, 다른 종류 현미경들의 기술 발달로 잊혀져 있었다. 2000년대 중반에 들어 이 아이디어는 다시 주목을 받기 시작했고, 2016년 스위스에 있는 나노라이브(Nanolive)가 개발한 3D CELL EXPLORER가 등장했다. 3D CELL EXPLORER는 CT처럼 세포의 입체 이미지를 보여줄 수 있었다. 2017년에 토모큐브는 기존의 홀로토모그래피 현미경인 HT-1에 형광표지를 인식할 수 있게 업그레이드한 HT-2 현미경을 내놓았다. 홀로토모그래피와 형광표지를 합친 것은, 마치 구조를 보는 CT와 특정 바이오마커를 보는 PET 이미지를 합친 PET-CT가 더 정확한 진단 정보를 주는 것과 비슷하다.

## 적용 사례 1. 지질방울과 나노 약물

지질방울(lipid droplet)은 세포내 지질이 들어 있는 세포소기관이다. 간, 심장, 소장 등에 있는 지방조직에 많다. 지질방울은 에너지원을 담아두는 세포내 에너지 저장고다. 세포 지질막을 구성하는 원료인 콜레스테롤와 트리아실글리세롤(triacylglycerol)을 저장하며, 지질 대사를 조절하는 역할도 한다. 크기는 보통 20~40μm에서 최대 100μm까지다(doi: 10.1242/

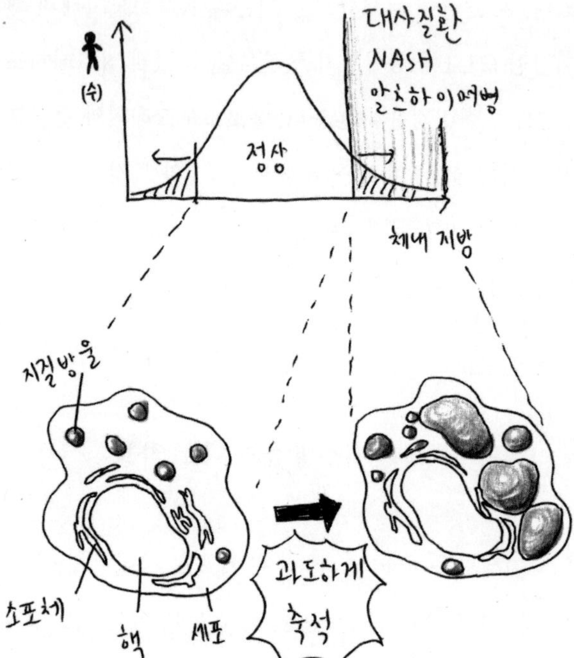


지방이 과도하게 쌓이면서 세포내 지질방울도 과도하게 쌓인다.
지질방울과 여러 병리질환 사이의 관계가 하나씩 밝혀지고 있다.

jcs.037630).

세포내 지질방울이 지나치게 쌓이면 문제가 된다. 지나친 에너지 섭취로 인한 비만과 지방간, 당뇨, 심혈관질환과 같은 대사질환부터 알츠하이머 병, 암 등 여러 질환까지 지질방울이 쌓여 만성 염증 등의 문제를 일으킨다.

한국기초과학지원연구원(KBSI) 광주센터의 이성수 박사 연구팀과 중앙대학교 시스템생명공학과의 박경순 교수 연구팀은 동맥에 저밀도지단백(LDL)이 쌓여 혈관이 좁아지거나 막히면서 일어나는 죽상동맥경화(atherosclerosis)를 연구하고, 치료제를 개발하고 있었다. 이들이 연구하던 주제는 거품세포(foam cell)다.

동맥 안에 지질이 쌓이면 염증 반응이 일어나면서 면역세포인 대식세포(macrophage)가 지방성 침전물을 제거하기 위해 모인다. 이때 대식세포가 지방을 먹어 치우면서 지질방울이 가득찬 거품세포로 분화하게 된다. 거품세포는 염증 사이토카인을 분비해 만성 염증을 일으킨다. 그리고 동맥경화로 이어진다. 따라서 거품세포에서 지질방울이 쌓이는 것을 막으면 동맥경화를 치료할 수 있을 것이다.

거품세포가 죽상동맥경화를 일으키는 인자라는 것을 확인한 것은 오래 전 일이지만, 지금까지는 대책을 세우는 데 한계가 있었다. 일단 지질방울을 보려면, 세포를 고정시킨 후 나일레드(nile red) 형광 염색이나 유기용매인 오일레드오(oil red O) 염색약을 써서 관찰해야 했다. 그런데 거품세포에 유기용매를 처리하면 지질방울 구조 자체가 달라질 수 있다. 전자현미경을 쓸 수는 있지만, 세포를 고정하는 등 전 처리 과정이 필요하다. 이런 조건에서 거품세포에 약물을 처리해 지질방울의 변화를 추적하는 것은 어려웠다.

연구팀이 디자인한 나노 약물(nanodrug)은 종근당이 개발한 당뇨병 치료제 로베글리타존(lobeglitazone, PPAR-γ 저해제, 제품명: 듀비에) 표면에 거품세포를 타깃하는 마노스 수용체(mannose receptor) 리간드를 붙인 형태였다.

홀로토로그래피 현미경으로 이미지를 분석했는데 대식세포를 구분할 수 있었다. 24시간 동안 실시간으로 나노 약물을 처리하자, 콜레스테롤을 세포 밖으로 배출시켜 대조군 대비 거품세포에서 지질방울 축적(지질방울 부피/세포 부피)이 줄어든 것을 확인했다. 또한 굴절률(RI)을 기반으로 정량 분석이 가능해 지질방울 개수, 부피 등에 대한 값을 얻을 수 있었다. 결과는 나노 과학 분야의 국제 학술지 『ACS 나노』에 게재됐다(doi: 10.1021/acsnano.9b07993).

## 지질과 질병

지질방울이라는 개념으로 연구가 시작한 것은 2000년대에 들어서다. 지질방울이 생기고 커지는 과정, 세포 별로 지질방울의 구성 요소와 기능, 미토콘드리아나 리소좀(lysosome), 자가포식체(autophagosome) 등 다른 세포소기관과 상호작용 등은 조금씩 밝혀지고 있다. 단순한 지질 창고로 알고 있던 지질방울은 지질대사와 세포 신호전달에 관여하는 역동적인 기관이라는 점이 밝혀지고 있다. 또한 각종 질병과의 관계도 밝혀지고 있어 치료제 개발에 활용할 가능성도 열리고 있다.

알츠하이머 병을 앓고 있는 환자의 뇌에서 지질대사가 망가지는 것도 병리 메커니즘으로 부각되고 있다. 뇌 면역세포인 미세아교세포(microglia) 안에 지질방울이 쌓이는 것이 뇌질환의 만성적인 염증와 기능 이상을 상태를 대변한다는 논문이 『네이처(*Nature*)』에 발표되기도 했다(doi: 10.1038/s41593-019-0566-1). 지난 20여 년 동안은 알츠하이머 병 환자의 뇌 속 응집 단백질에 집중해 신약개발에 도전했지만, 이제 지질대사라는 관점에서도 치료제 개발에 단서를 얻을 수 있게 되었다. 따라서 세포 수준에서 세포소기관의 생리학적인 현상을 실시간으로 관찰하고, 정량화하고, 약물 처리에 대한 반응을 바로 볼 수 있는 홀로토모그래피 기술의 적용이 기대된다.

## 적용 사례 2. T세포의 면역시냅스

T세포 면역시냅스(immunological synapse, IS)는 T세포와 항원제시세포(antigen presenting cells, APC)가 만나 세포와 세포 사이가 밀착하는 부분으로, 나노 수준의 현상이다. 면역시냅스는 두 세포가 만나는 것 이상의 의미가 있다. T세포가 활성화되는 단계의 첫 시작은 항원제시세포를 만나는 것이다. 면역시냅스를 이룰 때 T세포 수용체(TCR)가 항원제시세포가 제시하는 MHC 분자와 펩타이드 항원 복합체(pMHC)를 인지하면, T세포 내에서 신호전달이 커지고, T세포가 활성화된다. 면역시냅스를 보면 여러 개의 TCR-pMHC가 클러스터를 이루면서 신호가 증폭되고, T세포가 활성화되면서 암세포를 제거하려 나선다. 두 세포가 면역시냅스를 이루는 것은 적응면역 반응(adaptive immune response)이 시작되는 것을 뜻한다.

전자현미경은 분자 수준에서 면역시냅스의 공간적인 구조와 각 구획의 분포를 보여주지만, 연속적인 이미지는 보여주지 못한다. 면역시냅스는 주로 형광 이미지

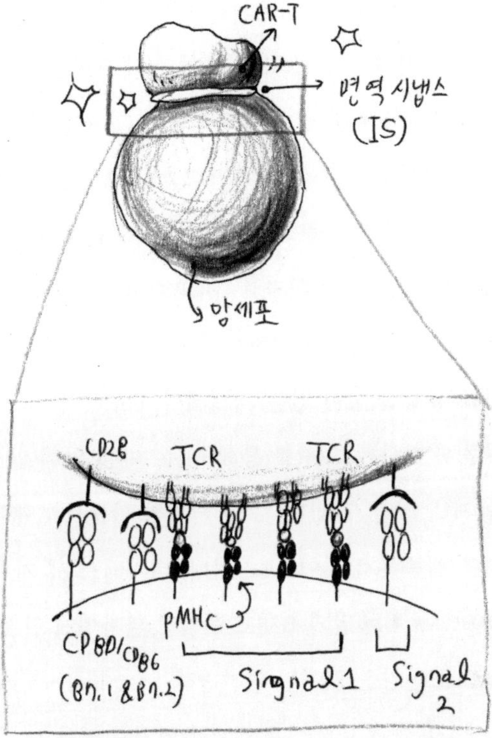


CAR-T와 암세포가 만나 면역시냅스(IS)를 이루는 모습.
면역시냅스 안에서 여러 T세포 수용체와 pMHC가 만나
클러스터를 이루고, 동시에 활성화 신호전달이 일어난다.

로 보는데, 광독성이나 광표백 현상 때문에 실시간으로 일어나는 면역시냅스의 변화를 추적하기는 어려웠다.

이런 이유로 CAR-T 치료제를 개발하는 한국 바이오테크 큐로셀의 김찬혁 교수팀은 CAR-T가 면역시냅스를 형성하는 동적인 메커니즘을 보고 싶었고, 홀로토모그래피 기술을 가진 토모큐브와 공동연구를 했다. CAR-T 치료제는 환자의 T세포를 추출한 다음, 환자의 암세포를 인지해 공격하는 수용체(CAR)와 신호증폭 인자를 삽입한 살아 있는 치료제다. CAR-T는 특정 암 항원을 인지하는 CAR를 통해 MHC 제한 없이 암세포를 인지해 없앨 수 있다. 2020년 7월 기준으로 출시된 CAR-T 제품은 킴리아, 예스카타, 테카터스 세 가지다. CD19 CAR-T는 말기 B세포 혈액암 환자에게 단 한 번 투약으로 종양을 없애는 완전관해(complete response, CR) 반응이 최대 90%라는 결과를 얻기도 했다.

공동연구팀의 아이디어는 홀로토모그래피 영상으로 면역시냅스 현상을 실시간으로, 전략적으로 분석하는 방법을 만들어보는 것이었다. 홀로토모그래피 기술은 세포 수준의 이미지를 얻기 위해 이용하고 있지만,

세포와 세포 사이의 상호작용은 이미지 영상만으로 구분하기가 어려워 연구에 적용하고 있지는 않았다. 공동 연구팀은 1,000개 이상의 면역세포-타깃세포 이미지를 바탕으로, 실시간으로 면역세포가 이루는 면역시냅스를 구별하는 방법을 만들었다. 이 방법으로 분석한 결과, 악성 B세포를 타깃하는 CD19 CAR-T와 CD19 발현 암세포주(K562)의 상호작용을 3D 이미지로 추적할 수 있었다(doi: 10.1101/539858).

비록 초기 단계지만 홀로토모그래피를 CAR-T 세포 치료제 연구에 적용할 수 있는 방법을 보여준 사례다. 홀로토모그래피 기술로 CAR-T 유전자 조작에 따라 암세포를 죽이는 살상(cytotoxicity) 효율을 실시간으로 추적할 수도 있으며, T세포뿐만 아니라 B세포, NK세포 등 다른 종류의 면역세포가 면역시냅스를 이루는 메커니즘 연구 등에도 적용할 수 있다.

## 패혈증, AML, 면역항암제

전에는 보지 못했던 이미지를 볼 수 있다면, 진단 바이오마커로 활용할 수도 있을 것이다. 토모큐브는 세포 모양을 이미징 바이오마커로 개발하고 있다. 패혈증을 일으키는 원인이 되는 박테리아를 찾고, 급성골수성 백혈병(AML)에서 면역세포를 나누는 정확도가 낮았던 부분을 해결하고, 면역항암제를 처방하기 전에 환자의 면역세포 상태를 보고 약물 반응성을 예측하는 데 홀로토모그래피를 쓸 수 있다.

감염병, 특히 패혈증처럼 급성으로 진행되어 환자의 목숨을 순식간에 앗아가는 질병의 경우 진단과 처방에 걸리는 시간을 줄이는 것이 중요하다. 지금까지는 패혈증 환자로 추정되면, 환자의 혈액을 뽑아 혈액 속에 패혈증과 관련된 어떤 종류의 균이 있는지 확인하기 위해, 균을 배양하는 절차를 거쳤다. 그람 양성균과 음성균인지, 세부적으로 어떤 균종에 감염되었을 확률이 높은가에 따라 처방하는 약이 다르기 때문이다. 이 절차를 거치는 데 3~5일이 걸린다. 균을 배양(culture)하는 데만 1~3일, PCR/MIC(minimum inhibitory concentration)에는 최대 3시간, 항생제 감수성 검사(antimicrobial susceptibility test, AST)에 다시 1~3일이 필요하다.

급성 패혈증의 경우 다발성 장기부전으로 인한 쇼크 때문에 몇 시간만에 환자가 사망할 수도 있다는 점을 고려하면, 진단에 걸리는 시간을 조금이라도 줄이는 것이 환자의 목숨을 구하는 데 결정적일 수 있다. 2018년 발표된 연구결과에 따르면, 2013~2014년 미국의 병원에서 패혈증으로 인한 치사율은 37.4%에 달한다. 여름철 어패류를 먹다가 감염되는 경우가 많은 비브리오 균에 감염되면 치사율이 60%까지 올라간다.

그런데 홀로토모그래피 현미경을 이용하면 각각의 균에 대한 이미지 데이터베이스를 구축해놓을 수 있다. 그리고 패혈증 환자가 들어오면 마찬가지로 혈액을 뽑아 현미경에서 관찰해 어떤 균인지 찾아낼 수 있다. 구체적으로는 혈액 안에 있는 균을 배양하는 과정을 줄여 진단 속도를 빠르게 돕는 컨셉이다. 전 처리 과정 없이 박테리아의 3D 이미지와 함께 부피, 표면적, 질량 등 수치화된 데이터를 얻을 수 있기에 가능한 일이다.

일단 홀로토모그래피를 이용해 균 동정(identification)에 성공했다. 동정은 미생물의 종을 판별해 어떤 특성을 가지고 어디에 속하는지 알아내는 과정이다. 초기 결과는 긍정적이다. 홀로토모그래피로 5,041건의 3차원 이미지 데이터를 구축해 콘볼루션 신경망(Convolutional neural network, CNN) 알고리즘으로 딥러닝했다.

사람의 시각 피질의 신경세포는 물체의 방향과 이동, 크기, 장소(배경)이 바뀌어도 대상을 인식한다. 콘볼루션 신경망은 이처럼 물체의 고유한 특징을 학습하게 디자인한 알고리즘이며, 이미지 인식에 자주 쓰인다. 홀로토모그래피로 모은 이미지를 콘볼루션 신경망으로 처리하자 수초 내에 19종의 박테리아를 95% 정확도로 분류했다. 치료에 중요한 기준인 그람 음성/양성과 균의 혐기성/호기성의 두 가지 특성도 97.5%, 98.2% 정확도로 구분했다(doi: 10.1101/596486).

그러나 균을 동정하는 것만으로는 진단을 내릴 수 없다. 치료제를 처방하려면 항생제 내성 여부를 테스트하는 AST 검사 결과가 필요하다. 이 단계도 홀로토모그래피 이미지로 약물 처리 없이 항생제 감수성을 구별할 수 있다는 단서를 찾았다. 홀로토로그래피 기술은 패혈증 이외에 요로 감염증 질환 등, 여러 감염성 질환의 진단에 활용할 수 있다.

급성골수성백혈병은 골수 속에 종양세포가 형성돼 증식하며 말초혈액으로 나와 전신으로 퍼진다. 골수에서 암세포가 형성되면서 정상적인 조혈모세포의 기능을 억제해 빈혈, 백혈구 감소, 혈소판 감소 등의 문제가 생긴다. 전체 백혈병의 5년 생존률은 약 53%인데, 급성골수성백혈병의 5년 생존률은 20세 이상에서 약 27%, 20세 이하에서 67% 수준이다.

급성골수성백혈병의 치료는 2~3개의 화학항암제를 함께 사용해 시도한다. 암세포의 완전관해(CR)을 유도하는 치료법으로, 완전관해가 나타나지 않을 경우 치료제를 바꿔 재관해를 유도한다. 만약 완전관해가 이뤄졌다 할지라도 혈액 내 잔존 암세포가 남아 있기 때문에 지속적으로 항암제 치료를 받아야 하며 이는 환자의 장기생존과 암의 재발을 낮추는 데 중요하다.

급성골수성백혈병으로 의심되면 말초혈액(PB) 검사 5시간, 골수(BM) 테스트 7일, 분자진단(CD/FACS) 3

일, FISH 1일이 필요하다. 적어도 2주일이 걸리며, 진단 비용도 비싸다. 말초혈액검사에서는 환자의 혈액이나 골수 샘플에서 비정상적인 세포의 숫자를 병리과 의사가 직접 점검한다. 꽤 정확하게 진단을 할 수 있지만, 서브 타입으로 가면 80%까지 정확도가 낮아지는 문제가 있다. FACS는 특정한 타깃에 결합하는 단일클론항체와 형광 표지 기술을 이용해 세포 타입을 분리하는 기술이다. 그런데 응급 상태에 있는 환자에게 FACS 검사까지를 기다리지 못하고 바로 투약을 해야 하는 경우도 있다. 역시 위험성이 높아진다.

만약 홀로토모그래피 현미경을 이용하면 어떤 대응책을 세울 수 있을까? 패혈증 경우와 마찬가지로 정상과 비정상 혈액 세포의 입체 이미지 데이터베이스를 만들어 놓는다. 환자에게는 혈액을 뽑고, 홀로토모그래피 현미경으로 검사해 급성골수성백혈병을 일으킨 비정상적 백혈구와 모양이 같다면 질병으로 진단하고 투약한다.

## 이미징 마커를 대하는 자세

X-레이, CT, MRI, PET까지 눈으로 볼 수 있는 이미지는 그 자체로 진단이다. 새로운 종류의 현미경이 나온 것은, 신기한 기술 하나가 세상에 나온 것이 아니다. 진단하기 어려웠거나, 오래 걸렸거나, 심지어 진단할 수 없었던 질병을 눈앞에 보여주는 것일 수도 있다. 신기한 기계가 아니라 생명을 구할 수 있는 기계다. 문제는 이 물건을 생명을 구할 수 있는 기계로 만드는 것은, 연구자들의 몫이라는 점이다.

PET를 처음 만들었던 사람은 알츠하이머 병 진단과 치료제 개발에 PET가 사용될 것이라는 점을 몰랐을 것이다. 그러나 PET가 나온 지 50년이 지난 지금, 알츠하이머 병 진단과 치료제 개발에 PET를 적용하는 것은 유력한 방법이 되었다. PET 이미지는 환자가 사망한 후 뇌를 꺼내 뇌조직에서 독성 단백질을 관찰하는 것이 아니라, 살아 있는 환자의 뇌에서 독성 단백질 변화를 볼 수 있는 방법이듯, 홀로토모그래피도 새로운 것을 보여준다. 홀로토모그래피 같은 좀더 좋은 현미경이나, 의료 현장과 직접 만나는 공학적 접근도 마찬가지일 수 있다. 익숙하지 않은, 작은 변화일지라도, 연구자의 손에서 어떤 식으로 활용되고, 응용되며, 적용되는지에 따라 달라질 수 있다. 눈으로 확인할 수 있다는 점만으로도, 진단에 한 영역을 개척할 수 있겠지만, 개척하는 몫은 신약 개발 연구자와 진단법 개발자의 몫이다.

# 부록
# 한국의 암 진단 바이오테크

| | | | |
|---|---|---|---|
| Genomictree | ㈜지노믹트리, Genomictree, Inc. | **대표** | 안성환, Sungwhan An |
| **홈페이지** | www.genomictree.com | **설립** | 2000년 |
| **대표 이메일** | info@genomictree.com | **총원** | 68명 |
| **대표 전화** | 042-861-4551 | **연구원** | 박사급: 3명 / 석사급: 11명 |
| **코스닥** | 228760 | **자본금** | 100억 원 |
| | | **매출** | 약 3억 원 (2019년 기준) |
| **소재지** | 대전광역시 유성구 테크노10로 44-6 | | |
| **주요 사업 분야** | 1. 암 분자진단 기술 및 제품 | | 2. 유전체 분석 서비스 |
| **2020~2022년 주요 마일스톤** | 1) 대장암 조기진단 제품의 미국 FDA 허가용 임상시험<br>2) 혈액 기반 폐암 조기진단제품 식약처 허가 완료<br>3) 소변 기반 방광암 조기진단제품 식약처 허가 완료<br>4) 기관지세척액 기반 폐암 진단 업그레이드 제품 개발 및 탐색 임상 완료<br>5) ASRP-Multiplex qPCR을 이용한 감염원 동반진단 제품 개발 | | |

**자회사**

| 회사 | 설립 | 설립목적 | 소재지 | 미국 |
|---|---|---|---|---|
| Promis Diagnostics | 2019 | 미국 FDA 허가용 임상 지원 및 북미권 사업화 진행 | 지분 | 94.25% |
| | | | 자본금 | 3,000만 원 |
| | | | 인력 | 6명 |

| | 종류 | 연도 | 규모 | 투자기관 |
|---|---|---|---|---|
| 주요 투자 | 신주발행(보통주) | 2017 | 70억 원 | KB인베스트먼트, 리더스인베스트먼트 |
| | 신주발행(보통주) | 2018 | 50억 원 | 데일리 파트너스 |
| | 신주발행(보통주) | 2020 | 1,080억 원 | IPO |
| | 미국 자회사 발행<br>(Convertible Note) | 2020 | $10,800,000 (약 125억 원) | KB 인베스트먼트, 솔리더스 인베스트먼트 |

**핵심 인력**

| 이름(직책) | 경력 | 이력 | 학위(학교, 졸업, 전공) |
|---|---|---|---|
| **안성환 (대표이사)** | • 암 조기진단연구<br>• 대장암 조기진단 기술개발<br>• 암 조기진단사업 총괄 | • 지노믹트리, 대표이사 (2000~현재)<br>• 연세대학교 의과대학 송당암연구센터, 겸임교수 (2013~현재)<br>• 연세대학교 의과대학 암전이연구센터, 연구조교수 (2002~2009)<br>• 스탠포드의과대학, Postdoc(1999~2000) | • 박사(University of Texas at Austin, 1998, 분자바이러스학)<br>• 석사(University of Texas at San Antonio, 1994, 분자생물학)<br>• 석사(성균관대학교, 1987, 생물학)<br>• 학사(성균관대학교, 1985, 생물학) |
| **윤치왕 (부사장)** | • 유전체분석사업<br>• 최고운영책임자(COO) | • 지노믹트리, COO (2000~현재)<br>• 코오롱 엔지니어링/코오롱 글로벌 프로젝트매니저 (1987~2000) | • 학사(광운대학교, 1985, 전자공학) |
| **오태정 (연구개발본부장)** | • 암 조기진단연구<br>• 대장암 조기진단 기술 개발<br>• 암 조기진단사업<br>• 기술개발총괄(CTO) | • 지노믹트리, CTO (2001~현재)<br>• 한국원자력연구소, Postdoc(1997~2001) | • 박사(성균관대학교, 1997, 미생물학)<br>• 석사(성균관대학교, 1991, 생물학)<br>• 학사(성균관대학교, 1989, 생물학) |

**파트너십**

| 계약 | 회사 | 형태 | 내용 |
|---|---|---|---|
| 2020 | 대웅제약 | 공동 판매계약 | 대장암 진단키트 얼리텍 판매 협약 |

**핵심 기술 및 특허**

| 구분 | 바이오마커 | 내용 | 특허 등록 | 만료 |
|---|---|---|---|---|
| 바이오마커 | SDC2 | 대장암 진단을 위한 장암특이적 메틸화 마커 유전자의 메틸화 검출 방법 | 한국, 미국, 유럽, 일본, 중국 | 2031.06. |
| | PCDHGA12 | 폐암 특이적 메틸화 마커 유전자를 이용한 폐암 검출 방법 | 한국, 미국, 일본, 중국 | 2029.02. |
| 플랫폼 기술 | | 염기 특이 반응성 프라이머를 이용한 핵산 증폭 방법 | 한국, 미국, 유럽, 중국 | 2033.04. |
| | | 메틸화 DNA 다중검출 방법 | 한국 | 2036.10. |

**주요 제품 개발 단계**

| 제품명 | 초기 개발 | 탐색 임상 | 확증 임상 | 시판 |
|---|---|---|---|---|
| 얼리텍 대장암 조기진단 | | | 2016~2018 | 2019 |

**주요 제품 개발 단계**

| 제품명 | 초기 개발 | 탐색 임상 | 확증 임상 | 시판 |
|---|---|---|---|---|
| 얼리텍 폐암 조기진단 | | | 2017~2020 | 식약처 3등급<br>의료기기허가 진행 중 |
| 얼리텍 방광암 조기진단 | | 2017~2020 | | |

**논문 및 학회 발표**

| 연도 | 제목 | 저널 or 학회 |
|---|---|---|
| 2019 | Early detection of colorectal cancer based on presence of methylated syndecan-2 (SDC2) in stool DNA. | *Clinical Epigenetics* |
| 2018 | Analysis of Syndecan-2 Methylation in Bowel Lavage Fluid for the Detection of Colorectal Neoplasm | *Gut and Liver* |
| 2018 | PCDHGA12 methylation biomarker in bronchial washing specimens as an adjunctive diagnostic tool to bronchoscopy in lung cance | *Oncology Letters* |
| 2017 | Feasibility of quantifying SDC2 methylation in stool DNA for early detection of colorectal cancer. | *Clinical Epigenetics* |

**주요 제품 데이터 1**

**얼리텍 대장암 조기 진단키트** : 대장암 조기진단용 신규 메틸화 바이오마커 신데칸-2 자체 개발, 임상 성능 검증으로 상용화

▲대장암은 60% 이상이 말기에 발견. 조기 발견 시 생존률 90% 이상이며, 치료비가 1/100 이하로 감소. 기존 검사법인 대장내시경의 불편함, 분변잠혈검사의 낮은 정확도를 개선하는 대장암 조기진단 미충족 의료수요

▲DNA 메틸화는 정상세포가 암세포화되는 초기 현상. 대장벽에서 매일 대장상피세포가 떨어져나와 대변으로 배출되는데, 대장에 병변(선종 또는 암)이 발생하면 정상세포와 함께 대변으로 배출. 이때 대변에서 신데칸-2 유전자 메틸화를 분석 → 대장암 유무 진단(qRT-PCR 분석)

▲차별성: 초기 대장암에서 민감도 90%. 경쟁 제품 대비 임상성능은 동등하나 가격경쟁력 및 편의성

▲임상 대상: 무증상 일반인

▲핵심 결과 [얼리텍 대장암 진단키트의 확증임상 결과 (doi: 10.1186/s13148-019-0642-0)]

- 대장암 환자 245명, 정상 대조군 245명, 용종 환자 62명, 위암 23명, 간암 10명, 총 585명의 대변 샘플에서 신테칸-2 DNA 메틸화 분석으로 대장암 진단
- 민감도 90.2% (221/245), 특이도 90.2% (23/245)
- 대장암 병기별 민감도: 0기 100% (3/3), I기 85.5% (47/55), II기 91.4% (64/70), III기 89.6% (86/96), IV기, 100% (21/21)
- 진행성 대장선종 (1.0cm 이상) 민감도: 66.7%

### 주요 제품 데이터 1

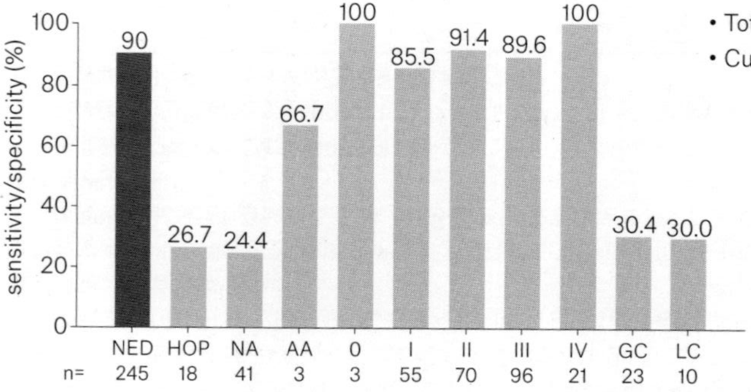


- Total sensitivity = 90%, Early Cancer (0~II) sensitivity=89%
- Total specificity=90%
- Cutoff Ct40(1/2 algorithm)

- NED: No evidence of disease on colonoscopy
- HOP: Hyperplastic or other polyp
- NA: Non-advanced adenomas <1.0 cm)
- AA: Advanced adenomas ≧1.0 cm)
- GC: Gastric cancer
- LC: Liver cancer

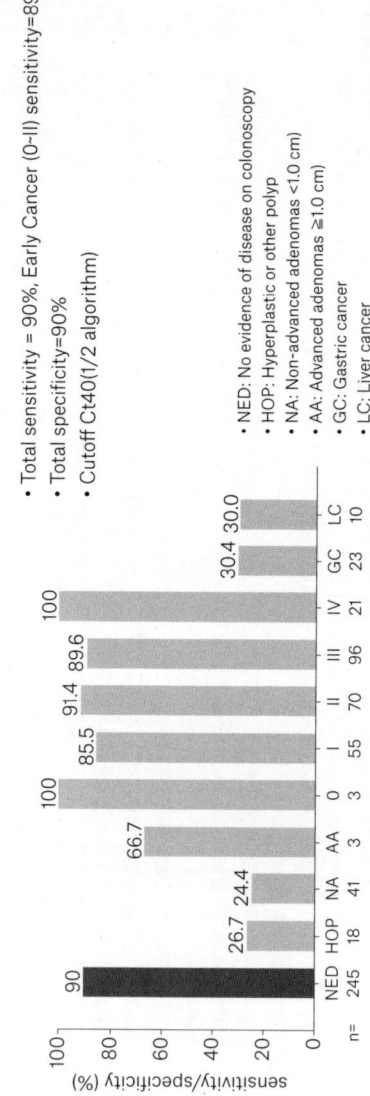

얼리텍 대장암 확증임상 결과 그래프 (출처: 지노믹트리 발표자료)

**주요 제품 데이터 2**

**얼리텍 폐암 조기 진단키트** : 폐암 조기진단용 신규 메틸화 바이오마커 PCDHGA12 자체 개발, 임상적 성능 검증을 완료 후 상용화 준비 중

▲저선량 흉부 CT 검사는 폐결절 환자에게서 위양성 높음. 폐결절 환자 중 폐암 고위험군을 조기 발견, 적절한 후속 검사에 대한 미충족 의료수요 (혈액 기반 비침습적 폐암 조기진단 기술을 개발)

▲DNA 메틸화는 정상 세포가 암세포화되는 초기 현상. 혈액 내 암세포의 PCDHGA12 메틸화 분석, 폐암 여부 진단 (qRT-PCR 기술 분석)

▲차별성: 혈액 이용 비침습적 방법 / 경쟁 제품 대비 임상 성능은 동등하면서 가격경쟁력 및 편의성

▲임상 대상: 흉부 CT 검사에서 폐결절로 진단된 환자

▲핵심 결과 [얼리텍 폐암 확증임상 결과 (doi: 10.3892/ol.2018.8699)]

- 정상인, 양성 폐결절, 양성 폐질환 환자 522명 대상 확증 임상
- 민감도 77.8%, 특이도 92.3%
- 초기 폐암(I-II기) 민감도는 62.2%
- 병기, 흡연력, 연령에 따른 민감도 차이는 없음

| 단위: % | PCDHGA12 메틸화 양성 민감도 | | | | | 특이도 |
|---|---|---|---|---|---|---|
| 정상 | 비소세포폐암 | | | | 소세포폐암 | 77.8 |
| | 1기 | 2기 | 3기 | 4기 | | |
| 7.7 | 63.6 | 60.0 | 89.2 | 77.5 | 86.7 | |

| 경쟁 기업 1 | 설립 | 주요 제품 | 시가총액(2020.08.06 기준) | 총 매출 (2019 기준) |
|---|---|---|---|---|
| 이그젝 사이언스(Exact Science) | 1995 | 콜로가드(Cologuard) | 14조 9천억 원 | 1조 2천억 원 |

▲나스닥 상장 (2001) → 메이요 클리닉(Mayo Clinic)과 대장암 마커 파트너십 (2009) → MdxHealth의 대장암 바이오마커 인수 (2010) → 대장암 진단키트 콜로가드(Cologuard) 미국 FDA 허가 및 CMS 보험수가 획득 (2014) → 화이자와 콜로가드 공동마케팅 파트너십 (2018) → 지노믹 헬스(Genomic Health) 합병 (2019)

▲대장암 진단키트 콜로가드(Cologuard): 대변 이용 진단 / 민감도 92%, 특이도 90%
2020년 기준, 미국 메디케어, 메디케이드(오바마케어)와 대부분 사보험 적용

| 경쟁 기업 2 | 설립 | 주요 제품 | 시가총액(2020.08.06 기준) | 총 매출 (2019 기준) |
|---|---|---|---|---|
| 에피지노믹스(Epigenomics) | 1998 | 에피 프로콜론(Epi procolon) | 1,384억 원 | 14억 원 |

▲프랑크푸르트 증권거래소 상장 (2004) → 대장암 진단 키트 '에피 프로콜론(Epi procolon)' FDA 허가 (2016)

▲대장암 진단키트 에피 프로콜론(Epi procolon): 혈액으로 대장암을 진단하는 에피 프로콜론(Epi procolon) 미국, 유럽 등에서 사용 / 민감도 81%, 특이도 97%

| CytoGen | 싸이토젠, Cytogen | 대표 | 전병희, Byunghee Jeon |
|---|---|---|---|
| 홈페이지 | www.cytogenlab.com | 설립 | 2010 |
| 대표 이메일 | customer@cytogenlab.com | 총원 | 49명 |
| 대표 전화 | 02-6925-1070 | 연구원 | 박사급: 16명 / 석사급: 20명 |
| 코스닥 | 217330 | 자본금 | 약 329억 3,000만 원 |
| | | 매출 | 약 8억 원 (2019년 기준) |
| 소재지 | 서울시 송파구 법원로 128, A동 8층 | | |
| 주요 사업 분야 | 1. 바이오마커 발굴, 검증, 동반진단 | | 2. 액체생검 정밀의료 사업 |

| | |
|---|---|
| 2020~2022년 주요 마일스톤 | 1) 미국 CLIA 진출<br>2) 일본, 유럽 상용서비스 개시<br>3) 폐암, 췌장암, 대장암, 골전이암 등 암 동반진단 서비스 개시 |

| | 종류 | 연도 | 규모 | 투자기관 |
|---|---|---|---|---|
| 주요 투자 | 시리즈 B2 | 2017 | 35억 원 | 마그나인베스트먼트, 우신벤처투자, 인라이트 1호 청년창업펀드 |
| | 시리즈 B | 2016 | 30억 원 | 키움고성장가젤기업펀드 |
| | 시리즈 A | 2015 | 30억 원 | KoFC-IMM R&D Biz Creation |

핵심 인력

| 이름(직책) | 경력 | 이력 | 학위 (학교, 졸업, 전공) |
|---|---|---|---|
| 전병희<br>(대표이사) | • CTC 기반 진단 플랫폼 구축 외<br>• CTC 기반 분석 자동화 플랫폼 장비 개발 외<br>• 항암 신약 효능 평가 서비스 사업 외 총괄 | • 인덕대학교 기계설계학과 교수 (1991~2018)<br>• 삼성전자 전략기획실/신사업고문 (2007~2010)<br>• 실리콘웍스고문(2006~2015)<br>• 국가연구개발사업 기획, 평가위원 (2000~2006)<br>• 서울대학교 정밀기계설계 공동연구소/특별연구원(1990~2004) | • 교환교수 (Ohio State University, 1995~1997)<br>• 박사 (서울대학교, 1990, 기계설계학과)<br>• 석사 (서울대학교, 1985, 기계설계학과) |

**핵심 인력**

| 이름(직책) | 경력 | 이력 | 학위 (학교, 졸업, 전공) |
| --- | --- | --- | --- |
| 박재찬 (사장/ 바이오연구소장) | • CTC 기반 진단 플랫폼 연구 외<br>• CTC 기반 바이오마커 연구 외<br>• CTC 기반 신규 항암물질 연구 외 | • 제넥신 부사장(2014~2018)<br>• 삼성종합기술원 바이오 연구소장 (1998~2014)<br>• 한효과학기술원(1994~1997)<br>• Monsanto Phama(1991~1994) | • 박사 (Princeton University)<br>• 석사 (서울대학교, 1983)<br>• 학사 (서울대학교, 1979, 화학과) |

**파트너십**

| 연도 | 회사 | 형태 | 내용 |
| --- | --- | --- | --- |
| 2020 | 프로탄바이오 | 공동개발 | 다중면역진단 기술에 커스터마이징 된 진단플랫폼 개발. 대형병원 및 검진센터 등에 공급, 대량 폐암 진단. |
| | 유머스트알앤디 | 업무협약 | 싸이토젠 CTC 기반 분석기술과 유머스트알앤디의 동물모델 및 바이오 이미징 기술을 적용, 약물효능성 평가모델 구축. 전임상연구시장 진출 |
| | 서울대병원 | 업무협약 | 유방암 유래 골전이암 조기진단 시스템 구축 |

**파트너십**

| 연도 | 회사 | 형태 | 내용 |
|---|---|---|---|
| 2019 | 시믹(CMIC) | 글로벌마케팅 | CMIC(일본 최대 CRO 기업)와 협력. 일본 내 글로벌 제약사와 네트워크 형성 및 파트너십 |
| | 써모피셔 사이언티픽 | 공동연구 | CTC 평가 항체 공동개발. 싸이토젠은 CTC 기반 진단 상업용 항체에 대한 독점적 권리 확보. |
| | 지니너스 | MOU | 싸이토젠 보유의 CTC 기반 NGS 데이터에 지니너스의 데이터분석 플랫폼과 알고리즘을 적용. 암 치료에 적용 가능한 유전정보 빅데이터 구축. 암 질병의 진단 및 치료 예후 관찰을 위한 바이오마커 발굴에 협력. |
| | 웰마커바이오 | MOU | 웰마커바이오의 항암 신약 임상시험에 싸이토젠 CTC 기반 액체생검 기술을 적용. 동반진단 서비스로 연결 |
| 2016 | 다이이찌산쿄 | 공동연구 | 개발 중인 항암 신약의 약효평가 및 개발 협력 |

**핵심 기술 및 특허**

| 구분 | 내용 | 특허 등록 | 만료 |
|---|---|---|---|
| 바이오마커 | 폐암 환자의 혈중 순환 종양세포를 활용한 EGFR-TKI 내성 환자의 맞춤형 항암제 선별 시스템 및 방법 | 2018.07. | 2036.05. |
| | EML4-ALK유전자 변이 분석방법 | 2019.06. | 2037.08. |
| | 안드로겐 수용체의 변이체 기반 전립선암 환자 스크리닝 방법 | 2018.11. | 2037.08. |

핵심 기술 및 특허

| 구분 | 내용 | 특허 등록 | 만료 |
|---|---|---|---|
| 바이오마커 | 혈중 순환 종양세포의 다중 바이오마커 및 이의 항체를 이용한 난소암 진단방법 | 2019.05. | 2037.04. |
| | 전립선 암 환자의 혈중 순환 종양세포를 활용한 안드로겐 수용체(AR) 과발현 환자의 맞춤형 항암제 선별 시스템 및 선별방법 | 2018.07. | 2036.05. |
| | 전립선 특이 막항원(비공개) 기반 전립선암 환자 스크리닝 방법 | 2019.06. | 2037.09. |
| | AXL 기반 암환자 스크리닝 방법 | 2019.06. | 2037.09. |
| 플랫폼기술 | 세포 포집 필터 및 이를 갖는 세포 포집 장치 | 2017.10. | 2035.11. |
| | 세포 배양 플레이트를 구비하는 세포 배양장치 | 2017.12. | 2035.12. |
| | 광학적 세포 식별방법 | 2018.03. | 2036.09. |
| | 표적세포 회수 방법 | 2018.06. | 2035.06. |
| | 표적세포 아이솔레이터 및 표적세포 아이솔레이터의 위치 결정방법 | 2019.09. | 2037.12. |

**주요 제품 개발 단계**

| 제품명 | 초기 개발 | 탐색 임상 | 확증 임상 | 시판 |
|---|---|---|---|---|
| Cell Isolator CIS030 | | | | 2016 |
| IF Stainer CST030 | | | | 2016 |
| Cell Image Analyzer CIA040 | | | | 2016 |
| Time Laps Incubator | | | | 2016 |
| CTC Staining Kit | | | | 2021-2022 목표 |
| 폐암 PD-L1 발현 평가 키트 | | | | 서울아산병원 최창민 교수 |
| 췌장수술 모니터링 키트 | | | | 2021-2022 가능 |
| 유방암/전립선암 유래 골 전이암 조기진단 키트 | | | | 서울대학교병원 조선욱 교수 |

**주요 제품 개발 단계**

| 제품명 | 초기 개발 | 탐색 임상 | 확증 임상 | 시판 |
|---|---|---|---|---|
| 폐암 EGFR 내성진단 키트 | ▶ | | | 2021-2022 목표 |
| 대장암 조기진단 키트 | ▶ | | | 개발 중(W사 협력) |
| 간암 항암 모니터링 서비스 | ▶ | | | 2021-2022 목표<br>서울성모병원 윤승규 교수 공동연구 |
| CTC-Immune Cell Oncopanel | ▶ | | | |

**논문/학회 발표**

| 연도 | 제목 | 저널 or 학회 |
|---|---|---|
| 2020 | Clinical Utility of Combined Circulating Tumor Cell and Circulating Tumor DNA Assays for Diagnosis of Primary Lung Cancer | *Anticancer Research* |
| 2019 | Circulating Tumor Cell Counts in Patients With Localized Prostate Cancer Including Those Under Active Surveillance | *in vivo* |

**논문/학회 발표**

| 연도 | 제목 | 저널 or 학회 |
|---|---|---|
| 2019 | Detection of PD-L1 in CTC from patients with bladder cancer using CytoGen's liquid biopsy | AACR 2019 |
| 2018 | Evaluation of AXL expression on circulating tumor cells from EGFR mutated lung cancer | AACR 2018 |
| 2017 | ALK rearrangement analysis in circulating tumor cells of lung cancer patients | AACR 2017 |

**주요 제품 데이터 1**

**폐암 PD-L1 발현 진단 키트** : 비소세포폐암에서 기존 조직 기반 PD-L1 진단 시 면역(염증)세포와 암세포를 구별해내기 어려움. 면역세포에서 PD-L1 발현이 높으면 반응률이 낮아질 수 있다고 판단. 이를 극복하기 위해 신규 순환종양세포(CTC) 마커 추가로 면역세포와 CTC 구분. 진단 정확도 높이는 것이 목표

▲차별성: 면역세포와 CTC를 구분. 액체생검으로 CTC 기반 진단 시행해, 조직생검이 불가능한 환자의 PD-L1 측정

▲임상 대상: 조직생검이 불가능한 비소세포폐암 환자, 예후 관찰을 위한 반복검사(serial biopsy)가 필요한 비소세포폐암 환자

▲핵심 결과

- 키트루다 동반진단키트인 파마DX(PharmaDX) PD-L1 키트의 PD-L1 항체 동일하게 사용(22C3)
- 파마DX 검사 시 음성 환자 대상, CTC PD-L1 발현을 측정. 양성으로 진단되는 사례 발생
- 비소세포폐암 환자 대상 CTC 기반 PD-L1 진단 임상 진행 중. 2022년 상반기 키트 상용화 예정

**주요 제품 데이터 2**

**CTC 기반 골전이 조기진단 예후/예측 키트** : 골전이암 측정 바이오마커가 없음

▲차별성: 골전이암을 미세암 단계에서 조기진단 키트 개발

▲임상 대상: 유방암/전립선암 항암 치료를 받은 후 예후 관찰 중인 환자

▲진행 : 신규 마커 도입을 위한 컷-오프 기준(cut-off value) 설정 중. 신규 진단 평가 제품의 CLIA 인증 및 제품 상용화 구축 예정(2021 하반기)

| **경쟁 기업 1** | **설립** | **주요 제품** | **시가총액 (2020.08.06. 기준)** | **총 매출 (2019 기준)** |
|---|---|---|---|---|
| 바이오셉트(Biocept) | 1997 | CTC, ctDNA 기반 액체생검 진단 서비스 | 약 1,397억 원 | 약 65억 원 |

| **경쟁 기업 2** | **설립** | **주요 제품** | **시가총액 (2020.08.06. 기준)** | **총 매출 (2019 기준)** |
|---|---|---|---|---|
| 퍼스날리스<br>(Personalis) | 2011 | Immuno-Oncology 개발을 위한<br>Genomic data | 약 8,267억 원 | 약 769억 원 |

▲스탠퍼드 대학에서 창립 (2011) → 나스닥 상장 (2019) → NeXT Dx Test 론칭 (2020)

▲Immuno-Oncology 개발을 위한 Genomic data

- ACE technology 플랫폼에서 파생된 서비스 제공
- 제약회사 대상 면역항암제(Immuno-Oncology) 바이오마커 발굴
- 의사 대상 고형암 관련 유전자 변이 248개 분석 서비스

## 토모큐브 272

| | | | |
|---|---|---|---|
| Tomocube | ㈜토모큐브, Tomocube Inc. | 대표 | 홍기현, Kihyun Hong |
| 홈페이지 | www.tomocube.com | 설립 | 2015 |
| 대표 이메일 | info@tomocube.com | 총원 | 34 |
| 대표 전화 | 042-862-1100 | 연구원 | 박사급: 8명 / 석사급: 5명 |
| 비상장 | | 자본금 | 17억 8 000만 원 |
| | | 매출 | 6억 3,000만 원 (2019년 기준) |
| | | | 11억 원 (2020년 예상) |
| 소재지 | 대전광역시 유성구 신성로 155, 4층 | | |
| 주요 사업 분야 | 1. 홀로그래피 현미경 기반 사업 | | 2. 의료용 스캐너 및 진단 솔루션 |

| | |
|---|---|
| 2020~2022년<br>주요 마일스톤 | 1) 혈액분석기 개발 완료 및 미국 FDA, 식약처 허가<br>2) 갑상선암 진단 세포병리 슬라이드 스캐너 개발 완료 및 허가용 임상 완료<br>3) 자궁경부암 진단 장비 개발 완료 및 허가용 임상 완료<br>4) Label-free HCS 장비 개발 완료 및 출시 |

**자회사**

| 회사 | 설립 | 설립목적 | 소재지 | 보스턴 |
|---|---|---|---|---|
| Tomocube USA Inc. | 2019 | Medical business development & partership | 지분 | 100% |
| | | | 자본금 | 50만 달러 |
| | | | 인력 | 1명 |

| 주요 투자 | 종류 | 연도 | 규모 | 투자기관 |
|---|---|---|---|---|
| | 시리즈A | 2016 | 30억 원 | 소프트뱅크벤처스, 한미사이언스 |
| | 시리즈A2 | 2018 | 50억 원 | 소프트뱅크벤처스, 인터베스트, 컴퍼니케이파트너스 |
| | 시리즈B | 2019 | 150억 원 | 인터베스트, 데일리파트너스, 컴퍼니케이파트너스 |

**핵심 인력**

| 이름(직책) | 경력 | 이력 | 학위 (학교, 졸업, 전공) |
|---|---|---|---|
| **홍기현**<br>**(대표이사)** | • 기업경영 총괄 | • 토모큐브 대표이사, (2015~현재)<br>• 블루포인트파트너스 파트너, (2015~2016)<br>• 와이즈플래닛 대표이사, (2006~2015)<br>• 애크론 대표이사, (1999~2006) | • 학사 (KAIST, 1996, 산업경영) |
| **박용근**<br>**(연구소장)** | • 3D 홀로그래피 현미경 R&D 총괄<br>• 갑상선암, 자궁경부암, 요로/방광암 신속진단장비 개발 총괄 | • 카이스트 물리학과 부교수, (2010~현재)<br>• 시간역행반사 창의연구단 단장, (2015~현재)<br>• 토모큐브 공동창업 & CTO, (2015년~현재) | • 박사 (하버드-MIT, 2010, 의과학)<br>• 석사 (MIT, 2007, 석사)<br>• 학사 (서울대학교, 2004, 기계항공공학) |
| Elena Holden<br>(CSO 겸<br>**미국법인 대표)** | • 신규 비즈니스 발굴<br>미국 암시장 research | • 토모큐브 CSO 겸 미국법인 대표, (2019~현재)<br>• biotechnology & IVD CEO, (2014~2019)<br>• Ciba Corning 이사, (1992~1999)<br>• Russian Medical Academy 조교수, (1989~1992) | • 박사 (Russian medical Academy Pathology, 1989)<br>• 내과 MD (The Smolensk State Medical Univ. Russia, 1984) |

**파트너십**

| 계약 | 회사 | 형태 | 내용 |
|---|---|---|---|
| 2017~2020 | CTK Internation 외 27개 업체 | Local distributorship agreement | 홀로그래피 현미경 등에 대한 각 국가별 배급계약 |

**핵심 기술 및 특허**

| 구분 | 바이오마커 | 내용 | 특허 등록 | 만료 |
|---|---|---|---|---|
| 진단기술 | 굴절률 기반 세포 영상 | 3차원 위상정량 영상과 딥러닝을 이용한 혈액암 진단방법 및 장치 | 출원 중 | |
| | | 면역세포 굴절률 기반 면역상태 검출방법 | 출원 중 | |
| 플랫폼 기술 | | 파면제어기를 이용한 초고속 3차원 굴절률 영상촬영 및 장치 | 한국, 미국, 중국, 유럽 | 2036.06. |
| | | 3차원 굴절률 토모그램과 딥러닝을 이용한 세포종류 구분방법 및 장치 | 한국, 미국, 중국, 유럽 | 2036.08. |

**주요 제품 개발 단계**

| 제품명 | 초기 개발 | 탐색 임상 | 확증 임상 | 시판 |
|---|---|---|---|---|
| 혈구세포 분석기 | | | | |
| 세포병리 슬라이드 스캐너 | | | | |
| 박테리아 동정/항생제 감수성 신속 측정 기기 | | | | |

**논문 및 학회 발표**

| 연도 | 제목 | 저널 or 학회명 |
|---|---|---|
| 2020 | Label-Free Tomographic Imaging of Lipid Droplets in Foam Cells for Machine-Learning-Assisted Therapeutic Evaluation of Targeted Nanodrugs | *ACS Nano* |
| 2019 | DeepIS: deep learning framework for three-dimensional label-free tracking of immunological synapses | *BioRxiv* |
| | Rapid and label-free identification of individual bacterial pathogens exploiting three-dimensional quantitative phase imaging and deep learning | *BioRxiv* |
| 2018 | Quantitative phase imaging in biomedicine | *Nature Photonics* |

**논문 및 학회 발표**

| 연도 | 제목 | 저널 or 학회명 |
|---|---|---|
| 2017 | Holographic deep learning for rapid optical screening of anthrax spores | *Science Advances* |

**주요 제품 데이터**

**혈구세포분석기** : 혈액 및 세포병리 검체를 무염색/무표지 방식으로 검사, 질병 유무를 현장에서 빨리 판단할 수 있도록 지원하는 진단 보조 솔루션(CAD) 사업화

▲의료기관에서 보편적으로 시행하는 혈액 또는 세포병리 슬라이드 검사는 복잡한 전 처리와 염색 등의 과정을 거쳐 현미경으로 하는 육안 검사. 시간이 오래 걸리고, 진단 기준이 모호한 경우가 많으며, 악성/양성 판별 오류도 잦음. 현장 진단 스캐너로 검체 적합성을 현장에서 판정, 진단 검사의 효율을 증가시키고 환자의 재방문 횟수를 줄일 수 있음

▲홀로그래피 이미징은 생체세포 또는 조직의 굴절률 3차원 분포를 데이터화하여 영상을 획득하는 기술(quantitative phase imaging). 살아 있는 세포를 이미징하는 기술로 개발 중. 홀로그래피 이미징은 생체세포에 대한 염색 등 전 처리 과정이 필요 없고, 물질 고유의 굴절률 값을 활용해 세포 또는 세포 소기관 단위의 정량 정보를 빠르게 획득, CNN(Convulution Neural Network) 등 기술과 융합 시도

▲차별성: 빠른 현장 진단 솔루션 제공, 기존 복잡한 검사 방법 대비 경제성

▲임상 대상: 무증상 일반인 (의료기관 내방) 및 정기 검진 환자 등

▲현황: 2021년 중으로 IVD 임상평가를 통한 데이터 공개 예정

1) 3차원 홀로그래픽 영상을 인공지능 분석. 세포의 종류를 구분 (Kim et al., BioRxiv 2019; Jo et al., Science Advances, 2017)

2) 토모큐브에서 상업화한 3차원 홀로그래픽 현미경을 이용, 세포와 조직의 3차원 영상을 염색 등 전 처리 없이 빠르고 정확하게 측정 (Park et al., Nature Photonics, 2019)

## 주요 제품 데이터

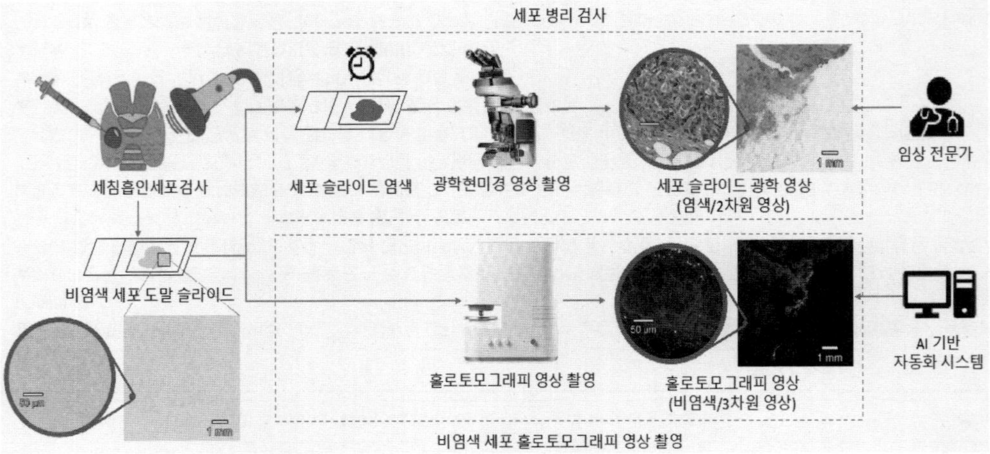


홀로그래피 영상 기반의 세포병리 검사 개념도 (토모큐브 제공)

| 경쟁 기업 1 | 설립 | 주요 제품 | 시가총액 | 매출 |
|---|---|---|---|---|
| 나노라이브(Nanolive AG) | 2013 | 홀로그래피 현미경(교육용) | 비상장 | |

Nanolive는 스위스 소재 3차원 홀로그래피 현미경 제조 기업. 주로 교육용 시장에서 제품 판매

| 경쟁 기업 2 | 설립 | 주요 제품 | 시가총액(2020.08.06. 기준) | 매출(2019 기준) |
|---|---|---|---|---|
| 시스멕스(Sysmex) | 1968 | 의료기기 | 17조 9,680억 원 | 약 3조 2,890억 원 |

Sysmex는 일본에 본사를 둔 종합 의료기기 제조 기업. 혈액분석기 시장에서 성장세
주력 제품인 전혈구(CBC) 혈액분석기를 비롯한 체외진단 의료기기로 사업 영역 확장

| Lunit | ㈜루닛, Lunit Inc. | 대표 | 서범석, Beomseok Suh |
|---|---|---|---|
| 홈페이지 | www.lunit.io/ko/ | 설립 | 2013 |
| 대표 이메일 | contact@lunit.io | 총원 | 122 |
| 대표 전화 | 02-2138-0827 | 연구원 | 박사급: 6 명 / 석사급: 24 명 |
| 비상장 | | 자본금 | 약 1억 9,800만 원(2019년 기준) |
| 소재지 | 서울특별시 강남구 테헤란로2길 27, 15층 | | |
| 주요 사업 분야 | 1. 의료영상 분석(Radiology) | | 2. 조직 슬라이드 영상분석(Oncology) |

| | |
|---|---|
| 2020~2022년 주요 마일스톤 | 1) Lunit INSIGHT (폐암/유방암 진단 소프트웨어)의 미국 FDA 및 유럽 CE 허가<br>2) Lunit INSIGHT에 대한 보험 수가 적용<br>3) 글로벌 의료영상장비 회사와 사업 파트너십 체결. Lunit INSIGHT 판매 채널 확보<br>4) 치료 예측 소프트웨어 Lunit SCOPE에 대한 글로벌 빅파마와 공동연구<br>5) Lunit SCOPE에 대한 미국 FDA 허가 |

**자회사**

| 회사명 | 소재지 | 지분 |
|---|---|---|
| Lunit EUROPE | 네덜란드 | 지사 형태 |
| Lunit USA | 미국 | 100% |
| Lun CHINA | 중국 | 100% |

| 주요 투자 | 종류 | 연도 | 규모 | 투자기관 |
|---|---|---|---|---|
| | 시리즈 C | 2019 | 300억 원 | 신한금융투자, LG CNS, NH투자증권, Legend Capital, 인터베스트, IMM인베스트먼트, 카카오벤처스 등 |
| | 시리즈 B1&B2 | 2019 | 56억 원 | FUJIFILM, Legend Capital |
| | 시리즈 BB | 2018 | 127억 원 | 소프트뱅크벤처스, 카카오벤처스, 미래에셋벤처투자, 포메이션8, 레전드캐피탈 등 |

**핵심 인력**

| 이름(직책) | 경력 | 이력 | 학위 (학교, 졸업연도, 전공) |
|---|---|---|---|
| **서범석**<br>**(대표이사)** | | • 루닛, 대표이사 (2018~현재)<br>• 루닛, 의학총괄이사 (2016~ 2018)<br>• 대한민국 공군, 대위/군의관 (2013~2016)<br>• 서울대학교병원, 가정의학과 전공의 (2011~2013)<br>• 서울대학교병원, 수련의 (2010~2011) | • 석사(경희대학교, 2016, 경영학(MBA))<br>• 석사(연세대학교, 2015, 보건학(MPH))<br>• MD(서울대학교, 2009, 의과대학)<br>• 학사(KAIST, 2005, 생명과학) |
| **백승욱**<br>**(공동창업자,** CINO) | | • 루닛, 이사회 의장 겸 CINO (2018~현재)<br>• 루닛, 대표이사 (2013~2018) | • 박사(KAIST, 2014, 전자공학)<br>• 석사(KAIST, 2010, 전자공학)<br>• 학사(KAIST, 2009, 전자공학 |
| **장민홍**<br>**(공동창업자,** CBO) | 온라인 사업전략 수립 및 소비자 분석 | • 루닛, CBO (2015~현재)<br>• 인바디, 연구원 (2012~2015) | • 석사(KAIST, 2012, 경영공학)<br>• 학사(KAIST, 2010, 신소재공학) |

**파트너십**

| 연도 | 회사 | 계약 내용 |
|---|---|---|
| 2018 | 동국생명과학 | 루닛 인사이트 유통 및 공급계약 |
| 2019 | FUJIFILM | 루닛 인사이트 유통 및 공급계약 |
| 2020 | GE Healthcare | 루닛 인사이트 유통 및 공급계약 |

**핵심 기술 및 특허**

| 구분 | 내용 | 특허 등록 | 만료 |
|---|---|---|---|
| 기술 | 의료 영상의 병리 진단 분류 장치 및 이를 이용한 병리 진단 시스템 | 한국 | 2035.08. |
| | 악성 종양 진단 방법 및 장치 | 한국 | 2038.07. |
| | Classification apparatus for pathologic diagnosis of medical image, and pathologic diagnosis system using the same | 미국 | 2035.09. |
| | Object recognition method and apparatus based on weakly supervised learning | 미국 | 2037.02. |

**주요 제품 개발 단계**

| 제품명 | 초기 개발 | 탐색 임상 | 확증 임상 | 시판 |
|---|---|---|---|---|
| Lunit INSIGHT CXR | | | | 2019 식약처 인증<br>유럽 CE 인증 |
| Lunit INSIGHT MMG | | | | 2019 식약처 인증<br>유럽 CE 인증 |
| Lunit SCOPE | | | | |

**논문 및 학회 발표**

| 연도 | 제목 | 저널 or 학회 |
|---|---|---|
| 2020 | Changes in cancer detection and false-positive recall in mammography using artificial intelligence: a retrospective, multireader study | *The Lancet Digital Health* |
| | Comprehensive deep learning analysis of H&E tissue phenomics reveals distinct immune landscape and transcriptomic enrichment profile among immune inflamed, excluded and desert subtypes in non-small cell lung cancer | AACR 2020 |

논문 및 학회 발표

| 연도 | 제목 | 저널 or 학회 |
| --- | --- | --- |
| 2020 | Deep-learning based immune phenotype analysis reveals distinct resistance pattern of immune checkpoint inhibitor in non-small cell lung cancer | ASCO 2020 |
| | Deep-learning analysis of H&E images to define three immune phenotypes to reveal loss-of-target in excluded immune cells as a novel resistance mechanism of immune checkpoint inhibitor in non-small cell lung cancer. | |
| | Evaluation of Combined Artificial Intelligence and Radiologist Assessment to Interpret Screening Mammograms | *JAMA Network Open* |
| 2019 | Deep Learning for Chest Radiograph Diagnosis in the Emergency Department | *Radiology* |
| | Deep learning-based predictive biomarker for adjuvant chemotherapy in early-stage hormone receptor-positive breast cancer | AACR 2019 |
| | Pan-cancer analysis of tumor microenvironment using deep learning-based cancer stroma and immune profiling in H&E images | |
| | Deep learning-based predictive biomarker for immune checkpoint inhibitor response in metastatic non-small cell lung cancer | ASCO 2019 |

**주요 제품 데이터 1**

Lunit INSIGHT CXR : 글로벌 수준의 딥러닝 기술 사용, 흉부 엑스레이 영상(Chest X-ray)에서 폐암을 포함한 여러 병변 의심 부위를 수 초 내로 분석, 진단 정확도/효율을 혁신적으로 증대

Lunit INSIGHT MMG : 글로벌 수준의 딥러닝 기술 사용, 유방촬영술 영상(Mammography)에서 수 초 내로 유방암 의심 부위를 분석, 진단 정확도/효율을 혁신적으로 증대

▲의료 영상의 촬영 수는 연간 30%씩 증가. 그러나 영상 판독 인력(영상의학과 전문의)은 연간 4% 증가. 의료진이 영상을 판독하는 절대적인 시간 부 및 그에 따른 정확도가 낮아질 우려. 인공지능으로 판독 정확도/효율을 높일 수 있는 Lunit INSIGHT를 개발

▲딥러닝 알고리즘 이용 영상 이미지 분석. 의료진이 유방암과 폐암의 병변을 진단하는 데 도움 제공

▲Lunit INSIGHT CXR

: 흉부 엑스레이 영상은 전체 의료 영상 가운데 25%. 가장 많이 촬영하는 영상이지만, 판독 과정에서 이상병변을 놓치는 비율(false negative)이 약 30%

: Lunit INSIGHT CXR은 최대 99%의 정확도로 환자의 이상병변을 분석

▲ Lunit INSIGHT MMG

: 유방촬영술 영상은 유방암 조기진단 기본 검사. 한국에서는 국가 암 검진사업으로 만 40세 이상 여성에게 2년에 1회 유방촬영술을 활용한 유방암 검진 제공

: 유방촬영술에서 유방암을 놓치는 사례(false negative)가 약 30%. 특히 치밀유방(dense breast)이 많은 동양인의 경우 유방암을 조기에 검진하는 비율이 낮아, 암이 진행된 단계에서 유방암을 알게 되는 경우가 많음

: 의료진은 유방촬영술에서 암 가능성이 조금이라도 의심되면 조직검사(biopsy)를 권장. 그러나 조직검사 결과 암으로 확진되는 비율은 5%, 나머지는 정상(false positive). 의료비 과다 지출 문제

**주요 제품 데이터 1**

: Lunit INSIGHT MMG 판독 정확도는 97~99% 수준. 불필요한 조직검사의 20% 이상 줄일 수 있음

▲차별성 1. 알고리즘의 우수성: 글로벌 딥러닝 대회(2016 MICCAI, CAMELYON 17, VisDA 2019 등)에서 구글, 마이크로소프트, IBM 등을 제치고 1위

▲차별성 2. 데이터: 한국의 독특한 의료 환경(저렴한 의료비, 적극적인 의료영상 촬영)으로 양질의 의료영상을 다수 확보함. 알고리즘의 정확도 상승

▲핵심 결과: 의료진(영상의학과 전문의 등) 대상 임상시험 결과는 아래와 같음. 다만 임상시험을 시행한 시점이 2020년 기준 약 2년 정도 경과. 소프트웨어 버전과의 정확도와 차이가 있을 수 있음

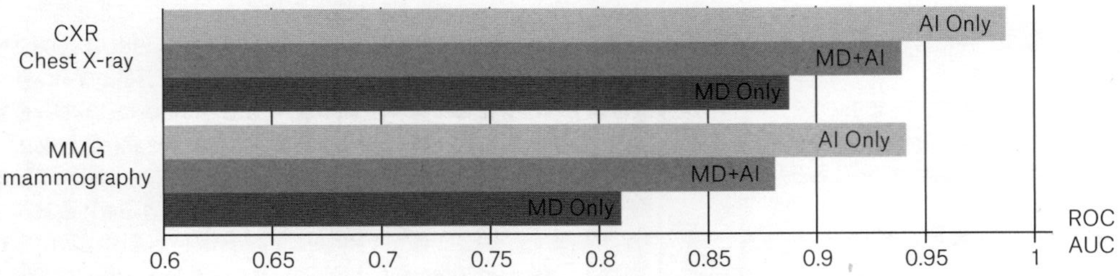


Lunit INSIGHT 임상시험 결과 (정확도, ROC AUC / 의사 vs AI, 루닛 제공)

**주요 제품 데이터 2**

Lunit SCOPE : 루닛의 딥러닝 기술로 조직검사 이미지에서 암세포와 면역세포의 분포 형태 등을 분석, 면역관문억제제(Immune Checkpoint Inhibitor, ICI)의 반응을 사전에 예측하는 이미징 바이오마커 개발

▲2011년 첫 시판된 면역관문억제제(ICI)는 다양한 암종에서 뛰어난 항암제로 사용. 그러나 기존 항암제와 조직 행태(Tissue Phenotype), 즉 암세포와 면역세포의 분포에 따라 반응 여부가 다름

▲기존에는 현미경을 이용. 2017년 병리 슬라이드를 분석할 수 있는 의료용 스캐너가 FDA 허가를 받음. 모니터로 병리 슬라이드를 분석할 수 있게 되었고, 딥러닝 기술의 발달로 병리 슬라이드의 방대한 정보 처리 가능

▲전자화된 병리 슬라이드를 학습. ICI의 치료반응 예측 가설을 설정, 후향적연구에서 Lunit SCOPE로 AI Score가 ICI의 반응에 대한 우수한 예측력을 보여줌을 입증

▲Lunit SCOPE은 H&E 슬라이드 이미지 상의 암의 기질, 상피 조직, 림프구 등을 정확하게 발견. 또한 (1) 종양 내 TIL 밀도 정보 (2) 종양기질 내 TIL 밀도 정보 (3) 종양 내 기질-상피조적 비율 등을 생성

▲Lunit SCOPE로 면역 표현형에 따른 조직 분류. Lunit SCOPE는 종양침투림프구의 객관적인 정량화가 가능. 면역 표현형에 따른 분류로 새 바이오마커 발견 가능성 증대

▲차별성 1. 알고리즘의 우수성: 글로벌 딥러닝 대회(2016 MICCAI, CAMELYON 17, VisDA 2019 등)에서 구글, 마이크로소프트, IBM 등을 제치고 1위

▲차별성 2. 데이터: 한국의 독특한 의료 환경(저렴한 의료비, 적극적인 의료영상 촬영)으로 양질의 의료영상을 다수 확보함. 알고리즘의 정확도 상승

**주요 제품 데이터 2**

▲비소세포폐암 환자의 면역항암제 반응 예측에 대한 연구결과 AACR 2020, ASCO 2020

AACR 2020 발표: 비소세포폐암 환자에게서 Lunit SCOPE 기반 종양미세환경 분석. 세 종류의 면역 형상(3 immune phenotypes)을 나타낼 수 있으며, 유전체 데이터와의 연관성을 바탕으로 유효함 증명

ASCO 2020 발표: 비소세포폐암 환자에서 Lunit SCOPE 기반 세 가지 면역표현형(immune phenotypes)으로 환자 분류해 실제 치료 반응 결과 예측. 비소세포폐암 환자의 치료 전/후 조직 검사 데이터를 세 가지 면역표현형으로 분류하고, 치료 전후 변화로 내성 기전 확인

| 경쟁 기업 1 | 설립 | 주요 제품 | 시가총액 | 매출 |
|---|---|---|---|---|
| Qure.ai | 2016 | qXR, qER | 비상장 | |

▲인도 뭄바이에 자회사 설립 (2016) → "TECH30 India's Most Promising Technolgoy Startups" 선정 (2017) → 흉부 엑스선 솔루션 qXR CE 인증 (2018) → 뇌CT 솔루션 qER CE 인증 (2019)

▲'qXR'

흉부 엑스선 진단 솔루션 / 결핵과 기흉, 심장 확대 등 흉부 이상 진단

| 경쟁 기업 2 | 설립 | 주요 제품 | 시가총액 | 매출 |
|---|---|---|---|---|
| Zebra Medical Vision | 2014 | Triage Pneumothorax, Mammography | 비상장 | |

▲이스라엘 텔아비브에 설립 (2014) → "TOP AI Companies" 선정 (2017) → 흉부 엑스선 솔루션 Triage Pneumothorax CE 인증 (2018) → 유방촬영술 영상분석 Mammography CE 인증 (2018) → 흉부 엑스선 솔루션 Triage Pneumothorax FDA 인증 (2019)

▲'Triage Pneumothorax'
흉부 엑스선 진단 솔루션 / 흉수, 기흉 등 진단

| 경쟁 기업 3 | 설립 | 주요 제품 | 시가총액 | 매출 |
|---|---|---|---|---|
| PathAI | 2016 | 병리진단 AI | 비상장 | |

▲Merck, BMS 투자유치 및 공동연구 발표 (SITC 2019)

▲주요 기술: 폐암, 흑색종 등 조직사진 기반 PD-L1 발현 분석

| GENCURIX | 주식회사 젠큐릭스, Gencurix, Inc. | 대표 | 조상래, Sangrae Cho |
|---|---|---|---|
| **홈페이지** | www.gencurix.com | **설립** | 2011 |
| **대표 이메일** | info@gencurix.com | **총원** | 59 |
| **대표 전화** | 02-2621-7038 | **연구원** | 박사급: 6명 / 석사급: 13명 |
| **코스닥** | 229000 | **자본금** | 26억 9,600만 원 |
| | | **매출 규모** | 1억 3,000만 원 (2019년 기준) |
| **소재지** | 서울특별시 구로구 디지털로 242 한화비즈메트로 402-404 | | |
| **주요 사업 분야** | 1. 유방암 예후진단 | 2. 동반진단 | |

| | |
|---|---|
| 2020~2022년 **주요 마일스톤** | 1) 유방암 예후진단 한국 및 아시아 시장 확대<br>2) 폐암 동반진단 국민건강보험 적용<br>3) 대장암 및 간암 조기진단 검사 허가 완료 및 상용화 |

| | 종류 | 연도 | 규모 | 투자기관 |
|---|---|---|---|---|
| 주요 투자 | 전환사채 | 2020 | 13억 원 | 아주캐피탈, 킹슬리 자산운용 |
| | 전환사채 | 2020 | 40억 원 | 한국투자파트너스, 지에스에이프라이빗에쿼티, 더터닝포인트, 레오파트너스 인베스트먼트 |
| | 유상증자 | 2018 | 80억 원 | 한화투자증권, 스타셋인베스트먼트, 디에벨류인베스트먼트, 타임폴리오 자산운용 |

핵심 인력

| 이름(직책) | 경력 | 이력 | 학위 (학교, 졸업, 전공) |
|---|---|---|---|
| 조상래<br>(대표이사) | • 유방암 예후진단 연구개발<br>• 동반진단 연구개발<br>• 조기진단 연구개발 | • 젠큐릭스 대표이사 (2011~현재)<br>• 바이오트라이온 대표이사 (2008~2011)<br>• 바디텍메드 사외이사 (2005~2007) | • 석사 (서울대학교, 1997, 분자생물학)<br>• 박사 (서울대학교, 1995, 분자생물학) |
| 문영호<br>(부사장) | • 유방암 예후진단 연구개발<br>• 동반진단 연구개발<br>• 조기진단 연구개발 | • 젠큐릭스 기술 총괄 / 사내이사(2015~현재)<br>• CBS바이오 사이언스 CSO(2012~2015)<br>• 지노믹트리 연구소장(2006~2012)<br>• 제노텍 연구소장(2001~2006) | |
| 박현욱<br>(부사장) | | • 젠큐릭스 전략기획본부장(2018~현재)<br>• 미국 밥캣 컴퍼니 전략/신사업 담당(2016~2017)<br>• 두산 포터블파워 글로벌 전략기획 총괄(2015~2015) | • 학사 (서울대학교, 2002, 영어영문학)<br>MBA (Georgetown University, 2009~2011) |

**파트너십**

| 연도 | 회사 | 형태 | 내용 |
|---|---|---|---|
| 2020 | 휴온스 | 공동 판매 계약 | 코로나19 진단 키트 진프로 COVID-19 Detection Test 해외 공급 협약 |
| | 유순(Yuxun) | 중국 사업 협약 | 중국 내 유방암 예후진단 키트 진스웰 BCT 검사 서비스 사업 진출 |

**핵심 기술 및 특허**

| 구분 | 내용 | 특허 등록 | 만료일 |
|---|---|---|---|
| 예후예측 알고리즘 | 표준 발현 유전자를 발굴하기 위한 유전자 발현 데이터 처리, 분석방법 | 한국, 미국, 일본, 유럽 | 2037.05. |
| | 유방암 환자의 화학치료 유용성 예측 방법 | 한국, 미국 | 2039.02. |
| | 조기 유방암 예후예측 진단용 자동화 시스템 | 한국 | 2037.06. |
| | 초기유방암의 예후예측용 유전자 및 이를 이용한 초기 유방암의 예후예측 방법 | 한국, 미국, 중국 | 2037.04. |

**주요 제품 개발 단계**

| 제품명 | 초기 개발 | 탐색 임상 | 확증 임상 | 시판 |
|---|---|---|---|---|
| 유방암 예후진단 진스웰 BCT | | | 2011~2019 | 2019 |
| 폐암 동반진단 진스웰 ddEGFR Mutation Test | | | 2011~2019 | 2018 |
| 대장암/간암 조기진단 진스웰 COLO_eDX, 진스웰 HEPA_eDX | 2017~2019 | | 한국 식약처 3등급 의료기기 허가 검토 중 (2020) | |

**논문 및 학회 발표**

| 연도 | 제목 | 저널 or 학회 |
|---|---|---|
| 2019 | Comparison of GenesWell BCT Score with Oncotype DX Recurrence Score for Risk Classification in Asian Women with Hormone Receptor-Positive, HER2-Negative Early Breast Cancer | *Frontiers in Oncology* |
| 2019 | Efficacy of an RNA-based multigene assay with core needle biopsy samples for risk evaluation in hormone-positive early breast | *BMC Cancer* |
| 2018 | BCT score predicts chemotherapy benefit in Asian patients with hormone receptor-positive, HER2-negative, lymph node-negative breast cancer | *Plos One* |
| 2017 | Droplet digital PCR-based EGFR mutation detection with an internal quality control index to determine the quality of DNA | *Scientific Reports* |

**주요 제품 데이터 1**

**유방암 예후진단** : 유방암은 인종적 차이가 큰 암종. 아시아 환자들은 50세 이하 또는 폐경 전 환자가 많고, 백인 환자들은 폐경 이후의 고령 환자가 많음. 기존 유방암 예후진단 제품은 폐경 이후의 고령 환자가 많은 백인을 대상으로 개발·검증한 제품. 한국 유방암 환자의 특성과 맞지 않음. 한국 유방암 환자를 대상으로 검증, 한국을 포함한 아시아 유방암 환자에게 적합한 검사 개발

▲수술 시 떼어낸 유방암 조직으로 유방암 관련 6개의 유전자(암증식 관련 유전자와 1개의 면역 관련 유전자)의 발현량, 종양 크기, 림프절 전이의 갯수 등 환자의 임상 정보를 더해 알고리즘에 대입. 수술 후 10년 내 전이 확률을 0점부터 10점까지 점수로 산출. 4점 미만은 항암화학치료 없이도 생존율이 높은 저위험군으로 분류, 4점 이상은 전이 가능성이 높은 고위험군으로 분류

▲차별성: 예후예측 바이오마커 선별 및 알고리즘 개발. 아시아인에 특화된 제품으로, 특히 50세 이하 또는 폐경 전 환자에게 적합

▲임상 대상: 초기 유방암(I,II기) 환자 중 호르몬수용체 양성, HER2 음성, 림프절 전이 3개 이하인 환자

## 주요 제품 데이터 1

▲핵심 결과 1

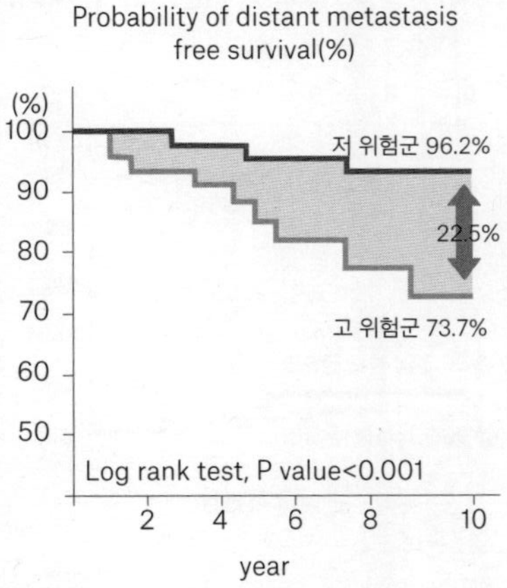


진스웰 BCT로 구분한 저위험군/고위험군 환자의 10년 내 무원격전이 생존율 비교

진스웰 BCT로 저위험군으로 구분한 환자는 고위험군 환자보다 무원격전이 생존율 높음

저위험군은 수술 후 10년 내에 원격전이 발생 없이 생존할 확률 96.2%

저위험군의 10년 내 무원격전이 생존율과 차이는 22.5%

저위험군/고위험군 무원격전이 생존율 비교(doi: 10.1038/srep45554)

## 주요 제품 데이터 1

▲핵심 결과 2

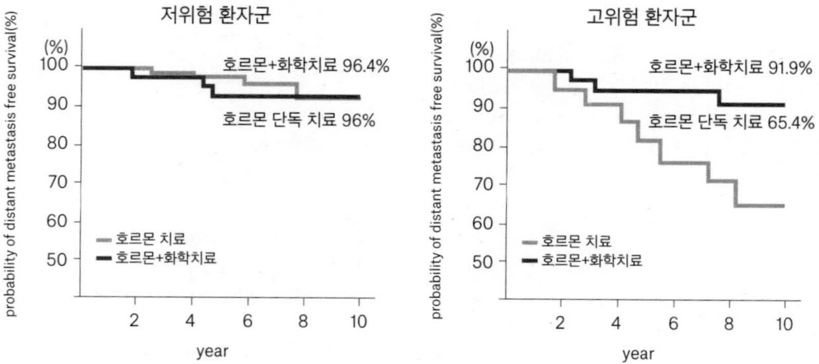


진스웰 BCT 검사로 저위험군으로 구분한 환자는 항암화학치료를 받지 않았을 때와 받았을 때의 무원격전이 생존율 차이가 없는 것으로 나타남. 고위험군으로 구분한 환자는 항암화학치료를 받은 경우 무원격전이 생존율 26.5% 증가. 진스웰 BCT 검사 결과 고위험군 환자는 항암화학치료 효과를 얻을 수 있다는 것을 의미

저위험군과 고위험군의 항암화학치료 효과 (doi: 10.1371/journal.pone.0207155)

**주요 제품 데이터 2**

**폐암동반진단** : 동반진단으로 돌연변이를 검출하면 돌연변이를 억제하는 표적치료제 처방이 가능. 치료효과 극대화, 부작용 최소화. 암 환자의 생존율과 생존기간을 개선하고 부작용을 줄여 환자의 삶의 질을 향상

▲Droplet digital PCR(ddPCR) 시스템으로 유전자 돌연변이 검출. 암 조직뿐 아니라 혈액 검사도 가능

▲차별성: 폐암동반진단 검사는 ddPCR 플랫폼으로 개발된 IVD 허가를 받은 제품. 기존 기술 대비 액체생검 기반의 검사 정확도 향상

▲임상 대상: 비소세포성 폐암 환자

▲핵심 결과

1) 45개의 EGFR 돌연변이 존재 유무를 검사 가능. 비소세포폐암 표적치료제인 Tarceva®(Erlotinib), Tagrisso™(Osimertinib) 투여 환자 선별
2) 검출 민감도(LOD) 0.8%. 소량의 DNA(3.3ng)로 돌연변이 검출 가능
3) 핵산품질지표(internal quality control)를 도입하고 조직 검체 처리 과정에서 발생할 수 있는 탈아민화반응을 차단함. 검사의 특이도 및 정확성을 높여 위음성, 위양성 가능성 개선
4) QC, 분석, 변이 정보 및 빈도(%)에 대한 정보 자동화 분석 가능, 분석 오류를 최소화하고 사용자의 편의성을 높인 ddPCR 기반 EGFR 돌연변이 검출에 최적화된 소프트웨어 구현

| 경쟁기업 1 | 설립 | 주요 제품 | 시가총액 | 매출 |
|---|---|---|---|---|
| Genomic Health | 2000 | Oncotype DX | | |

▲유방암 예후진단 검사 온코타입DX 출시(2004) → 나스닥 상장(2005) → Exact Science 인수 합병 (2019)

▲Oncotype DX

- 유방암 예후진단 검사 중 가장 오래되었으며, 미국 CLIA 인증.
- 조기 유방암 환자의 10년 내 다른 장기 전이 위험을 저위험군, 중간위험군, 고위험군으로 분류
- 21개의 바이오마커 분석

| 경쟁기업 2 | 설립 | 주요 제품 | 시가총액(2020.08.06. 기준) | 매출(2019년 기준) |
|---|---|---|---|---|
| Roche Diagnostics | 1968 | Cobas EGFR Mutation Test | 322조 3,854억 원 | 80조 2,482억 원 |

▲Cobas EGFR Mutation Test

- Real-Time PCR 시스템 기반으로 43개 EGFR 돌연변이 검출
- 검출민감도(LOD) 5%(DNA 50ng/well)
- 종양 샘플에서 종양 비율이 10% 미만일 때, 순수 종양조직만 남기고 정상조직을 제거하는 과정(macrodissection)을 거쳐 DNA의 농도를 높이는 추가 처리 과정 필요

| | | | |
|---|---|---|---|
| deepbio | 주식회사 딥바이오, Deep Bio Inc. | **대표** | 김선우, Sun Woo Kim |
| **홈페이지** | http://www.deepbio.co.kr/ | **설립** | 2015 |
| **대표 이메일** | sales@deepbio.co.kr | **총원** | 28명 |
| **대표 전화** | 070-7703-4746 | **연구원** | 박사급: 3명 / 석사급: 5명 |
| 비상장 | | **자본금** | 9억 원 |
| | | **매출** | 5,000만 원 (2019년 기준) |
| | | | 6억 원 (2020년 예상) |
| **소재지** | 서울특별시 구로구 디지털로242, 1201호 | | |
| **주요 사업 분야** | 의료데이터 분석 지능형 소프트웨어 기술개발 | | |

| | |
|---|---|
| **2020~2022년 주요 마일스톤** | 1) 2020년 4월 국내 최초 암 진단 체외진단의료기기 3등급 식약처 허가 획득<br>2) 전립선암 암 유무/영역/중증도 진단 제품 FDA 허가 및 해외 시장 제품 출시<br>3) 유방암, 방광암 등 진단 제품 출시<br>4) 인공지능 기반의 신약 동반진단, 예후/예측, 약리반응 평가 제품 출시 |

| | 종류 | 연도 | 규모 | 투자기관 |
|---|---|---|---|---|
| 주요 투자 | 시리즈A / 신주발행(우선주) | 2017 | 19억 원 | 네오플러스기술가치평가투자조합 외 |
| | 시리즈A2 / 신주발행(우선주) | 2018 | 40억 원 | 현대청년펀드1호 외 |
| | 시리즈B / 신주발행(우선주) | 2019~2020 | 140억 원 | DTNI-창업초기혁신투자조합 외 |

핵심 인력

| 이름(직책) | 경력 | 이력 | 학위 (학교, 졸업, 전공) |
|---|---|---|---|
| 김선우<br>(대표이사) | • Automotive Software and Security for Hyundai's connected cars<br>• Fixed Mobile Convergence Business for KT's wired and wireless infrastructure | • Pinion Industries, CTO(2013~2014)<br>• KT, 전략기획실(2009~2013)<br>• NHN Business Platform, Project Lead(2009~2009)<br>• NHN, Project Lead(2008~2009) | • 박사 수료 (University of California, Irvine(UCI), 2006, Computer Science)<br>• 석사 (University of California, Irvine (UCI), 2002, Computer Science)<br>• 학사 (KAIST, 1995, 전산학) |

**핵심 인력**

| 이름(직책) | 경력 | 이력 | 학위 (학교, 졸업, 전공) |
|---|---|---|---|
| 곽태영 (CTO) | • 움직임 기반 샷 검색을 위한 시간적 유연함을 제공하는 다차원 순서열 유사 검색 방법<br>• 자료당 이형관리를 허용하는 통합된 동시성 제어방법 | • 넷마블 AI Lab 실장(2014~2018)<br>• 네이버 언어처리랩장(2006~2014) | • 박사 (KAIST, 2005, 전산학<br>• 석사 (KAIST, 1996, 전산학)<br>• 학사 (KAIST, 1993, 전산학) |
| 장혜윤 (Medical Officer) | • BRAF (V600E) mutation analysis of liquid-based preparation-processed fine needle aspiration sample improves the diagnostic rate of papillary thyroid carcinoma | • 고려대학교 구로병원 펠로우십 (2013~ 2018)<br>• 고려대학교 구로병원 레지던트 (2008~ 2011) | • 의학박사 (고려대학교, 2014, 의과대학)<br>• MD (고려대학교, 2010, 의과대학) |
| 서인혜 (BD) | • Association between nonvitamin K antagonist oral anticoagulants or warfarin and liver injury: a cohort study<br>• Cost-effectiveness of pneumococcal vaccination strategies in older adults of Hong Kong | • 홍콩대학교 Safe Medication Practice and Research 센터 (2018~2019) | • 석/박사 (필라델피아 과학대, 2017, 약학)<br>• 학사 (필라델피아 과학대, 2014, 약학) |

**파트너십**

| 계약 | 회사 | 형태 | 내용 |
|---|---|---|---|
| 2019 | Corista | 협업 | 연구소 장비 관련 업체인 Corista(Laboratory equipment supplier in Concord, Massachusetts)와 디지털 병리 관련 제품 출시를 위한 파트너십 |
| | Lumea | 협업 | CLIA Lab인 Lumea와 디지털 병리 제품 출시를 위한 파트너십 체결<br>병리의사들이 CLIA Lab에서 암을 진단할 때 자사 제품을 QC로 사용 |
| 2020 | Henry Ford Health System | 연구 | whole mount prostatectomy로 흑인과 백인 전립선암에 알려진 분자 표지자의 유병률 평가<br>NGS(next-generation sequencing)로 흑인 전립선암에서의 새로운 분자 표지자를 찾는 연구 |

**핵심 기술 및 특허**

| 구분 | 내용 | 특허 등록 | 만료 |
|---|---|---|---|
| 특허 | 뉴럴 네트워크를 이용한 질병의 진단 시스템 및 그 방법 | 한국 | 2036.12. |

논문 및 학회 발표

| 연도 | 제목 | 저널 or 학회 |
|---|---|---|
| 2020 | Introduction to digital pathology and computer-aided pathology | *JPTM* |
| 2019 | Overcoming Catastrophic Forgetting by Neuron-level Plasticity Control | AAAI 2020 |
| | Automated Gleason Scoring of Prostate Needle Biopsy Images Using Deep Neural Networks and Its Comparison with Diagnoses of Pathologists | USCAP 2019 |
| | Automated Gleason Scoring and Tumor Quantification in Prostate Core Needle Biopsy Images by Using Deep Neural Networks and its Comparison with Pathologist-based assessment | *Cancers* |
| | Automated Cancer Detection of Transurethral Resection of Prostate Images Using Deep Neural Networks Trained on Prostate Needle Biopsies | USCAP 2020 |
| | Capsule Networks Need an Improved Routing Algorithm | ACML 2019 |
| 2018 | Artificial Intelligence in Pathology | *JPTM* |
| | Automatic Prostate Cancer Diagnosis and Gleason Pattern Recognition Using Deep Neural Networks | USCAP 2018 |

**주요 제품 데이터**

DeepDx-Prostate : 조직생검 검사 수 증가에 비해 병리의사의 수는 부족한 문제 해결

▲디지털스캐너로 이미지화한 전립선 생검 환자의 H&E 염색 슬라이드를 컨볼루셔널 뉴럴 네트워크로 학습시켜 전립선암 유무 판독. 암의 진행 정도를 객관화한 글리슨점수(Gleason score)를 이용해 환자의 병기 예측

▲차별성: 이미지 학습에 최적화된 인공지능 기술 이용

▲임상 대상: 병리의사

▲진행

- 동일한 전립선암 이미지에 대해 병리과 전문의 3명의 진단 결과와 소프트웨어 분석 결과 비교 분석
- 병리과 전문의(5년 이상 경력) 판독 결과 대비 민감도 98.5%, 특이도 92.9%

| 경쟁 기업 | 설립 | 주요 제품 | 시가총액 | 매출 |
|---|---|---|---|---|
| PAIGE | 2017 | - Paige Modules<br>- Paige View | | |

▲주요 제품

- 종양 탐지, 세분화, 치료 반응 예측 및 빠른 진단을 위해 다양한 장기별 모듈
- 슬라이드 뷰어는 암 연구원과 병리학자를 위해 메모리얼슬로안케터링 암연구소(MSKCC)에서 외부로 배포해 자유롭게 사용할 수 있도록 함

| E&S Healthcare | ㈜이앤에스헬스케어, E&S Healthcare | 대표 | 서경훈, Kyoung Hoon Suh |
|---|---|---|---|
| 홈페이지 | www.ens-h.com | 설립 | 2013 |
| 대표 이메일 | info@ens-h.com | 총원 | 22명 |
| 대표 전화 | 042-863-9752 | 연구원 | 박사급: 3명 / 석사급: 8명 |
| 비상장 | | 자본금 | 약 2억 5,140만 원 |
| | | 매출 | 약 1억 5,900만 원 (2019년 기준) |
| | | | 약 1억 원 (2020년 예상) |
| 소재지 | 대전광역시 유성구 테크노1로 11-3, 배재대학교 대덕산학협력관 N313호 | | |
| 주요 사업 분야 | 1. 혈액 기반 암 면역진단 기술 | | 2. 체액 기반 단백질 분석서비스 |

| | |
|---|---|
| **2020~2022년 주요 마일스톤** | 1) 유방암 진단 키트 (DxMe BC) 확증임상시험 완료 및 허가 획득<br>2) 한국 사업권 계약 체결<br>3) 미국 진단 시장 진입<br>4) 유럽 및 동남아 지역 마케팅 확대<br>5) 난소암 진단키트 확증임상 수행 및 허가 획득<br>6) 자동화 장비 의료기기 등록 및 판매 |

| 주요 투자 유치 | 종류 | 연도 | 규모 | 투자기관 |
|---|---|---|---|---|
| | 시리즈 A | 2019 | 약 26억 원 | 엔에이치엔, 인베스트먼트 외 1개사 |
| | 시리즈 B | 2019 | 약 89억 원 | 에스엘인베스트먼트 외 7개사 |

**핵심 인력**

| 이름(직책) | 경력 | 이력 | 학위 (학교, 졸업, 전공) |
|---|---|---|---|
| 서경훈<br>(대표이사) | • 단백질 바이오마커 개발<br>• 단백질 분리, 정제, 수식 분석<br>• 진단용 바이오마커 분석 및 검증 | • 이앤에스헬스케어 대표이사 (2013~현재)<br>• 배재대학교 교수 (1995~2021)<br>• 분자세포진단제개발사업단장 (2007~2013)<br>• 시카고 대학교 (University of Chicago) 박사후 연구원 (1992~1995) | • 박사 (University of Illinois at Chicago, 1992, Physiology/Bio-physics)<br>• 석사 (연세대학교, 1983, 생화학)<br>• 학사 (연세대학교, 1981, 생화학) |

**핵심 인력**

| 이름(직책) | 경력 | 이력 | 학위 (학교, 졸업, 전공) |
|---|---|---|---|
| 하현재<br>(CFO/COO) | • 재무관리<br>• 인사관리<br>• 기획/경영관리 | • 이앤에스헬스케어 재무이사 (2019~현재)<br>• 브이원텍 재무이사 (2016~2019)<br>• 지멤스 경영기획실장 (2011~2013)<br>• 실리콘화일 재무팀장 (2006~2011) | • 석사 (인천대학교 경영대학원, 2013, 경영학)<br>• 학사 (대구대학교 회계학과, 2002) |
| 박지현<br>(연구소장) | • 연구개발 총괄 관리<br>• 유용 단백질 및 항체 발굴 및 검증<br>• 여성암 진단키트 개발 | • 이앤에스헬스케어 연구소장 (2019~현재)<br>• 한국화학연구원 선임연구원 (2015~2018)<br>• 한올바이오파마 선임연구원 (2013~2014)<br>• 한국생명공학연구원 석사후연구원(2005~2012) | • 박사 (충남대학교, 분자세포생물학, 2008-2013)<br>• 석사 (경상대학교, 응용미생물학, 2002-2004)<br>• 학사 (경상대학교, 미생물학과, 1998-2002) |

**파트너십**

| 연도 | 회사 | 형태 | 내용 |
|---|---|---|---|
| 2019 | Iffmedic (독일) | 공동 사업 계약 | 독일 내 유방암 진단키트 독점 공급 |
| 2020 | Protean Biodiagnostics (미국) | 공동 사업 계약 | 미국 내 유방암 진단키트 LDT 사업 등록 |

핵심 기술 및 특허

| 구분 | 내용 | 특허 등록 | 만료일 |
| --- | --- | --- | --- |
| 바이오마커 | 티오레독신 1을 유효성분으로 하는 유방암 진단용 마커 및 이를 이용한 유방암 진단 키트 | 한국, 미국 | 국내: 2029.03.<br>미국: 2032.07. |
| 바이오마커 | 티오레독신 1에 특이적으로 결합하는 단일클론항체 및 이의 용도 | 한국 | 2036.09. |
| | 티오레독신 1 에피토프 및 이에 특이적으로 결합하는 단일클론항체 | PCT | 2038.10. |
| | 티오레독신 1 항원의 에피토프 및 이의 용도 | 한국(PCT) | 2037.10. |
| 기반기술 | 혈액기반 체외진단장비의 공조장치 | 한국 | 2037.12. |
| | 엘이디를 이용한 혈액기반 체외진단장지 및 방법 | 한국 | 2037.12. |
| | 혈액기반 체외진단장비의 시약공급장치 | 한국 | 2037.12. |
| | LED단일광원과 제어부의 교체형 모듈을 갖는 체외진단장치 | 한국 | 2038.12. |
| | 광진단부 교체 모듈을 구비한 체외진단장치 | 한국 | 2038.12. |
| | 피펫장비 고정용 디바이스를 갖는 체외진단장치 | 한국 | 2038.12. |
| | 체외진단장치 | 한국 | 2038.02. |
| 핵심기술 | E&S Redox Activity Multiplexing Evaluation Platform (E&S-RAMEP) | | |

**주요 제품 개발 단계**

| 제품명 | 초기 개발 | 탐색 임상 | 확증 임상 | 시판 |
|---|---|---|---|---|
| DxMe® BC<br>(유방암 진단키트) | | | 2020년 현재 허가용<br>임상시험 진행 중 | |
| DxMe® OC<br>(난소암 진단키트) | | | | |
| ELISURE®<br>(분석 자동화장비) | | 양산화 모델 개발 중 | | 2021년 상반기 중 출시<br>목표 |

**논문 및 학회 발표**

| 연도 | 제목 | 저널 or 학회 |
|---|---|---|
| 2020 | The quantitation of thioredoxin 1 from serum is a novel means to detect breast cancer. | ASCO 2020 |
| 2020 목표 | Quantitation of Serum Thioredoxin 1 Could Mitigate Difficulty to Detect Breast Cancer from Dense Breasts by Mammography | SABCS 2020 |
| 2019 | Effective detection of breast cancer by the quantitative measurement of thioredoxin 1 from blood. | ESMO 2019 |

**주요 제품 데이터 1**

**유방암 체외진단 키트** DxMe® BC : 유방암에서 특이적으로 높은 발현을 보이는 항산화 단백질 단일 바이오마커인 Trx1(Thioredoxin 1)을 개발

▲현재 유방암 조기진단에 쓰이는 유방촬영술은 비용, 편의성, 방사선 노출 등의 단점이 있음. 일부 유방(치밀유방, 석회화유방)의 특성상 판독이 어렵거나 오류가 나타날 수 있어 추가적인 검사가 필요. 유방의 특성과 무관하게 혈액(혈청) 기반 ELISA 분석으로 새 바이오마커로 정확한 유방암 진단 제품 개발

▲유방암에 특이적인 혈액 내 단백질 바이오마커 Trx1(Thioredoxin 1)을 발굴 및 특이적인 항체를 찾음. 혈액을 이용해 Sandwich ELISA 방식으로 Trx1의 농도 측정 → 유방암 유무 판별

▲차별성: 유방의 상태(나이, 병기, 유방암 타입, 타 암종, 세포 증식, 폐경 유무 등)와 상관 없이 유방암 진단 가능

▲임상 대상: 유방촬영술 후 이상소견을 보인 여성 및 무증상 여성

▲핵심 결과: [혈액 기반 DxMe® BC 유방암 진단 키트 연구임상 결과]

-유방암에서 특이적으로 발현하는 항산화 단백질 단일 바이오마커인 Trx1의 혈중 농도를 건강한 여성 114명, 유방암 환자 106명, 자궁경부암 환자 17명, 폐암 환자 14명, 위암 환자 114명, 갑상선암 환자 4명, 총 369명의 혈청에서 측정하고 유방촬영 결과와 비교

-유방암 진단 임상적 성능: 민감도 94.3%, 특이도 93.9%

-Trx1의 혈중 농도는 나이, 유방암의 종류, 병기, 세포 증식 인자, 호르몬 프로파일, 암의 종류 등과 상관없이 효과적이고 정확하게 유방암을 진단

| Method | sensitivity (%) | specificity (%) |
|---|---|---|
| Mammography | 68.93 | 100 |
| DxMe® BC kit | 94.17 | 92.86 |
| Mammography + DxMe® BC kit | 99.25 | 100 |

DxMe® BC 연구임상 결과(출처: 이앤에스헬스케어 ASCO 2020 발표자료)

**주요 제품 데이터 2**

**ELISURE® (ELISA용 전자동 장비)** : 시험자의 기량과 환경 조건에 관계없이 DxMe BC Kit의 일관된 시험 결과를 도출하기 위해 전자동 ELISA 장비인 ELISURE® 개발. ELISA 전 과정을 자동 수행, 시험 결과 신뢰도와 재현성을 높이고, 별도의 전담 인력이 없이 시험 가능

▲차별성: 소형 자동화 ELISA 장비는 8-채널 방식, 광학 부분에 반도체 기술 적용. 가격 경쟁력을 바탕으로 개발도상국 대상 진단 키트와 패키지로 마케팅

▲소비자: 시험 전문 인력을 둘 수 없는 중소형병원 및 보건소, 수탁 시험검사실, 연구개발실험실

▲핵심 결과: 매뉴얼 시험 대비 자동화(ELISURE®) 시험 수행 결과

- Trx1 (30 U/ml): 평균 일치도 100.84%
- Trx1 (20 U/ml): 평균 일치도 99.89%
- Trx1 (10 U/ml): 평균 일치도 98.96%
- 시험 수행 결과 평균 일치도 99.90%

| 경쟁기업 | 설립 | 주요 제품 | 시가총액 | 매출 |
| --- | --- | --- | --- | --- |
| DYNEX TECHNOLOGIES | 1952 | DS2® | | |

▲Cooke Engineering으로 설립 (1958) → 최초의 일회용 Microtiter® 플레이트 및 시스템 도입 (1960년대) → 최초의 수동 마이크로 플레이트 ELISA 리더 및 면역 분석 마이크로 플레이트 소개 (1970) → 최초의 상용 마이크로 플레이트 형광계 및 마이크로 플레이트 루미노미터 개발 (1980) → DYNEX TECHNOLOGIES로 명칭 변경 (1990) → DS2® ELISA 프로세서 도입 (2007)

▲주요 제품

- 대표적인 stand-alone 형식 자동화 ELISA 장비
- 싱글채널(Single channel) 방식

| | | | |
|---|---|---|---|
| PANAGENE | 주식회사 파나진, PANAGENE inc. | **대표** | 김성기, Sung Kee Kim |
| **홈페이지** | http://www.panagene.com | **설립** | 2001 |
| **대표 이메일** | info@panagene.com | **총원** | 49명 |
| **대표 전화** | 042-861-9295 | **연구원** | 박사급: 2명 / 석사급: 4명 / 학사급: 7명 |
| **코스닥** | 046210 | **자본금** | 160억 원 |
| | | **매출** | 79억 5,000만 원 (2019년 기준) |
| | | | 150억 원 (2020년 예상) |
| **소재지** | 대전광역시 유성구 | | |
| **주요 사업 분야** | 1. PNA 소재 사업 | | 2. PNA 기반 체외진단(분자진단)제품 사업 |

**핵심 인력**

| 이름(직책) | 경력 | 이력 | 학위 (학교, 졸업, 전공) |
|---|---|---|---|
| 김성기<br>(대표이사) | PNA의 대량합성 방법 발명 | • ㈜파나진 설립(2001~현재)<br>• LG화학기술원(1994)<br>• 한국화학연구원(1985) | • 석사/박사 (KAIST, 1985/1991, 화학과)<br>• 학사 (서울대학교, 1983, 화학과) |

핵심 기술 및 특허

| 구분 | 내용 | 특허 등록 | 출원 |
|---|---|---|---|
| 플랫폼 기술 | 클램핑 프로브 및 검출 프로브를 이용한 다중 표적핵산 검출 방법<br>: 표적핵산을 실시간으로 검출하기 위한 하나 이상의 검출 프로브(detection probe) 및 야생형 유전자 또는 원하지 않는 유전자의 증폭을 억제하는 클램핑 프로브(clamping probe)를 포함하는 프로브 혼합체를 이용하여 동시에 다중 표적핵산을 검출하는 방법 및 이를 이용한 키트에 관한 것 | 1018307000000 | 2014.06 |
| | 클램핑 프로브 및 검출 프로브를 이용한 다중 표적핵산 검출 방법의 이용<br>: 클램핑 프로브 및 검출 프로브를 이용한 표적핵산 검출방법의 응용에 관한 것 | | 2015.07 |
| | 표적핵산 증폭방법 및 표적핵산 증폭용 조성물<br>: 표적핵산(target nucleic acid) 염기서열에 대한 의존도를 최소화 할 수 있는 표적핵산 증폭방법 및 표적핵산 검출 민감도(sensitivity)를 증가시키는 과정에서 표적핵산 증폭 효율의 변화를 최소화 할 수 있는 표적핵산 증폭방법 | | 2017.11 |
| | 핵산 또는 다양한 생물학적 물질을 추출 또는 정제하기 위한 키트 및 자동화 장치<br>: 구조를 슬림화하면서도 포집률을 향상시킬 수 있는 추출 또는 정제용 키트 및 관련된 자동화 장치 | 1017555630000 | 2015.11 |

**주요 제품 개발 단계**

| 제품명 | 제품 개발 | CE 인증 | 국내 허가 | 시판 |
|---|---|---|---|---|
| PANAMutyper™REGFR(ver.1) | | | | |
| PNAClamp™EGFR | | | | |
| PNAClamp™KRAS | | | | |
| PNAClamp™NRAS | | | | |
| PNAClamp™BRAF | | | | |
| PNAClamp™IDH1 | | | | |
| PANA RealTyper™HPV(genotyping) | | | | |
| PANA RealTyper™HPV(screening) | | | | |
| PANA RealTyper™STD | | | | |
| PANA RealTyper™CRE | | | | |

논문 및 학회 발표

| 연도 | 제목 | 저널 or 학회 |
|---|---|---|
| 2016 | Detection of EGFR Mutations in ctDNA by PNA Clamping-assisted Fluorescence Melting Curve Analysis | AMP annual meeting 2016 |
| | Detection of Low-abundance KRAS Mutations by PNA Clamping-assisted Fluorescence Melting Curve Analysis | |
| | Highly Accurate Virus Detection Method for Human Infectious Respiratory Disease by PNA-assisted Real-time PCR Using Fluorescent Melting Curve Analysis | |
| | Accurate Detection of beta-lactamase Genes Related to Carbapenem Resistance by PNA-mediated Real-time PCR Using Melting Curve Analysis | |
| 2017 | Accurate and Specific Detection of 13 Genotypes Associated with Sexually Transmitted Disease by PNA Mediated Real-time PCR | EUROGIN 2017 |
| | Accurate Detection of Human Papillomaviruses by PNA Mediated Real-time PCR Using Melting Curve Analysis | |
| | Detection of EML4-ALK and ROS1 Fusion Gene in NSCLC by PNA-assisted Real-Time RT-PCR Using Fluorescent Meting Curve Analysis | WCLC 2017 |

**논문 및 학회 발표**

| 연도 | 제목 | 저널 or 학회 |
|---|---|---|
| 2017 | Genotyping of EML4-ALK Fusion Gene by PNA-assisted Real-Time RT-PCR Using Fluorescent Meting Curve Analysis | WCLC 2017 |

**주요 제품 데이터**

**PNA 기반 진단 기술** : PANAMutyper™R 제품군은 혈액을 채취해 표적 유전자 돌연변이를 검출하는 비침습적 방법

▲암 환자의 표적치료 및 동반진단 목적. 암 환자의 특정 유전자 돌연변이 유무를 확인해, 표적항암제 처방 여부를 결정하거나 치료 예후를 예측하는 등 환자 치료 방향 설정에 도움을 줄 수 있음

▲DNA, RNA가 가진 음전하의 당-인산 뼈대를 중성의 펩타이드로 치환한 PNA는 DNA, RNA와 강한 결합력을 가짐과 동시에 체내의 효소 등에 대해서도 높은 안정성을 가짐. EGFR, KRAS, NRAS, BRAF 돌연변이 마커를 이용해 돌연변이 검출

▲차별성: PNA 소재가 지닌 차별성(결합력, 염기서열 변이 구별 능력, 안정성, 2차 변형 가능성)을 활용. 민감도 0.1% 수준의 표적 돌연변이 검출

▲임상 대상: 폐암 환자

▲진행현황: PANAMutyper™R EGFR 제품의 CE 인증 및 한국 제조허가, 신의료기술인증 획득

| Genopsy | 주식회사 제놉시, Genopsy Co., Ltd. | 대표 | 조영남, Youngnam Cho |
|---|---|---|---|
| 홈페이지 | http://www.genopsy-biotech.com/ | 설립 | 2017 |
| 대표 이메일 | genopsy_info@genopsy-biotech.com | 총원 | 11명 |
| 대표 전화 | 02-6956-9878 | 연구원 | 박사급: 1명 / 석사급: 6명 |
| 비상장 | | 자본금 | 약 7,300만 원 |
| | | 매출 | |
| 소재지 | 본사 : 서울시 강남구 테헤란로427, 102-5호(삼성동)<br>연구소 : 서울시 성동구 연무장5길 9-16, 블루스톤타워 905호 | | |
| 주요 사업 분야 | 1. 암 분자진단 기술 및 제품 | 2. 유전체 분석 서비스 | |
| 2020~2022년 주요 마일스톤 | 1) 개발-분석시약 대용량 생산(나노와이어, 나노파티클)<br>2) 개발-원천기술 기반 자동화기기(ver 1.0) 개발 실현<br>3) ISO 13485 기반 품질 관리시스템, GMP 시설 구축 및 인증/인가<br>4) 개발-시약 안정화 및 자동화기기 성능 Upgrade 실현 및 다양한 적응증 탐색<br>5) 식약처 인허가 및 FDA/글로벌 인증 | | |

| | 종류 | 연도 | 규모 | 투자기관 |
|---|---|---|---|---|
| 주요 투자 | 시리즈 A | 2019 | 110억 원 | 알펜루트 자산운용 |
| | 신주발행(전환우선주) | 2019 | 15억 원 | 수밸류 |
| | 신주발행(보통주) | 2019 | 15억 원 | 뉴플라이트 |

핵심 인력

| 이름(직책) | 경력 | 이력 | 학위 (학교, 졸업, 전공) |
|---|---|---|---|
| 조영남<br>(대표이사) | • 암 조기진단 기술 연구<br>• 액체생검 진단 기술 연구<br>• 기술개발총괄(CTO) | • 제놉시, 대표이사 (2017~현재)<br>• 국립암센터, 책임연구원 (2012~현재) | • 석, 박사 (Purdue Univ., 2006, Chemistry)<br>• 학사 (동국대, 1997, 화학공학) |
| 최미혜<br>(차장) | • 액체생검 진단 기술 연구<br>• 기술개발 책임연구원 | • 제놉시, 차장 (2018.10~현재)<br>• 국립암센터, 연구원 (2016.10~ 2018.09) | • 석사( 동국대, 2017, 해부학)<br>• 학사 (성균관대, 2001, 바이오메카트로닉스) |
| 김지혜<br>(대리) | • 액체생검 진단 기술 연구 | • 제놉시, 대리 (2019.04~현재)<br>• 바이오니아, 사원 (2018.05~2019.02) | • 석사 (고려대, 2017, 바이오시스템공학)<br>• 학사 (고려대, 2015, 식품생명학) |

파트너십

| 연도 | 회사 | 형태 | 내용 |
| --- | --- | --- | --- |
| 2020 | 한화생명보험(주) | MOU | 1. 제놉시 조기진단 기술이 결합된 한화생명의 보험상품 출시<br>2. 제놉시의 해외진출을 위한 한화생명의 해외 네트워크 지원<br>3. 한화생명의 보험상품 출시전 8대 암 대응 혁신기술 제품 제공 준비<br>4. 제놉시의 한화생명에 대한 국내 독점적 제품 사용권 보장<br>5. 그 밖에 쌍방이 합의한 공동의 목적에 부합하는 사업 및 업무 |

핵심 기술 및 특허

| 구분 | 내용 | 특허 등록 | 만료 |
| --- | --- | --- | --- |
| 플랫폼 기술 | 항체 및 자성 나노 입자가 결합된 전도성 고분자를 포함하는 혈중 암세포 검출 및 회수용 자성 나노 구조체 | 한국 | 2021.08. |
| | | 일본 | 2022.04. |
| | 자성 나노 입자가 탑재된 전도성 고분자 및 양이온성 고분자를 포함하는 세포-유리(cell-free) DNA 검출 및 회수용 자성 나노 구조체 | 한국 | 2021.02. |
| | | 일본 | 2022.08 |
| | 불안정한 세포유리 DNA 검출 방법 및 이를 이용한 장치 | 한국 | 2022.05. |
| | 전도성 고분자를 이용한 세포 유리 DNA 검출용 구조체 및 이의 용도 | 일본 | 2023.03. |

주요 제품 개발 단계

| 제품명 | 연구 기반 | 개발 기반 | 인허가 | 시판 |
|---|---|---|---|---|
| 분석시약 (나노와이어, 나노파티클) | | 2020 | 대용량 생산 | |
| 자동화기기 | | 2020-2021 | • 원천기술 기반 Ver 1.0 개발<br>• Design algorism<br>• Product performance<br>• Data analysis<br>• Noise control<br>• Instrument calibration<br>• Quality control | |

**논문 및 학회 발표**

| 연도 | 제목 | 저널 or 학회 |
|---|---|---|
| 2020 | Assessment of clinical performance of an ultrasensitive nanowire assay for detecting human papillomavirus DNA in urine | *Gynecologic Oncology* |
| 2018 | Magnetic Nanowire Networks for Dual-Isolation and Detection of Tumor-Associated Circulating Biomarkers | *Theranostics* |
| | A Versatile Nanowire Platform for Highly Efficient Isolation and Direct PCR-free Colorimetric Detection of Human Papillomavirus DNA from Unprocessed Urine | *Theranostics* |
| 2016 | Multifunctional magnetic nanowires: A novel breakthrough for ultrasensitive detection and isolation of rare cancer cells from non-metastatic early breast cancer patients using small volumes of blood | *Biomaterials* |
| | Magnetic nanowires for rapid and ultrasensitive isolation of DNA from cervical specimens for the detection of multiple human papillomaviruses genotypes | *Biosensors and bioelectronics* |

**주요 제품 데이터**

**나노와이어 기반 ct/cf DNA 유전자 변이 검출기술**

1. 치료 효과를 CT 혹은 PET 같은 영상 이미지로 판단하면 지속적인 침습적 조직검사 필요. 액체생검은 상대적으로 비침습적 검사 가능
2. 암 환자에게 부작용(출혈, 기흉, 통증 등)이 수반되는 침습적 조직검사 대신 비침습적인 혈액검사 시스템 도입. 비용 절감, 시간 단축, 지속적 모니터링
3. 혈액검사 액체생검으로 진행성 암 환자에서 세포독성항암제 혹은 표적항암제 치료를 하는 동안 치료 반응을 예측

▲전도성 폴리머 재질의 나노와이어(nanowire) 이용, 혈액 등 체액 안의 cfDNA, ctDNA를 추출, 분석. 양(+)극 나노와이어를 체액에 적용하면 음(-)극 성질의 cfDNA가 결합, 나노와이어들이 뭉쳐 구 모양을 형성. 여기에 특정 유전자 돌연변이를 검출하는 프로브로 cfDNA, ctDNA 등 검출

▲차별성
- 혈액, 소변, 침, 가래, 뇌척수액, 흉수 등의 체액에서 얻는 극소량의 샘플로 암 유전자 검출
- 유전자 변성(denaturation), 증폭(amplification) 과정 없는 감지기술 기반 1시간 이내 유전자 변이 검출
- 혈액 중 DNA 검출량을 극대화. 검사의 민감도, 신뢰도 상승

▲임상 고려 대상: 폐암, 유방암, 자궁경부암, 전립선암, 방광암 등

| 경쟁기업 | 설립 | 주요 제품 | 시가총액 (2020.08.06 기준) | 총 매출 (2019년 기준) |
|---|---|---|---|---|
| Guardant Health | 2013 | Guardant360, Lunar-1, Lunar-2, GuardantOMNI | 9조 9,000억 원 | 2,535억 원 |

Guardant360: 진행성 고형암 암환자 대상 액체생검 검사

Lunar-1: 암 재발 감지 및 잔여질병 감지　　Lunar-2: 암 조기진단

GuardantOMNI: 종양학 응용을 위한, 바이오마커 관련 유전자 포함 광범위한 유전자 패널

| | | | |
|---|---|---|---|
| GENECAST | ㈜진캐스트, GENECAST Co., Ltd. | **대표** | 백승찬, Seung Chan Baek |
| **홈페이지** | www.igenecast.co.kr | **설립** | 2016 |
| **대표 이메일** | biz@igenecast.com | **총원 (2020년 말 예정)** | 26 (38) |
| **대표 전화** | 02-3150-2157 | **연구원** | 박사급: 6명(7명) / 석사급: 7명(9명) |
| | 비상장 | **자본금** | 약 6억 3,600만 원 |
| | | **매출** | 200억 원 (2020년 예상) |
| **소재지** | 서울시 송파구 충민로 66 가든파이브 테크노관 10009호, 10007호 | | |
| **주요 사업 분야** | 1. 정밀의료 | 2. 동반진단 | |
| **2020~2022년 주요 마일스톤** | 1) ADPS oncology kits의 유럽 CE-IVDR 및 중국 NMPA 허가용 임상 진행 (2020년 말 개시)<br>2) 미국 LDT사업화 (하버드대 부속 브리검우먼 병원 협의 중, 2020년 말 개시 목표)<br>3) 표적항암제 제품 데이터 보유 빅파마와 동반진단 사업 계약 (2021년 상반기 목표)<br>4) ADPS EGFR Mutation Test kit의 미국 FDA PMA Class III 승인 (2022.05. 완료 목표)<br>5) 종별 조기진단이 가능한 Digital ADPS 진단제품 개발 (2022년 말 완료 목표) | | |

**자회사**

| 회사 | 설립 | 설립목적 | 소재지 | 중국 |
|---|---|---|---|---|
| 杰尼科(上海)生物科技有限公司<br>(GENECAST China Co., Ltd.) | 2019 | 중국 NMPA 승인 및 중국시장 진출 | 지분 | 100% |
| | | | 자본금 | 100만 위안 |
| | | | 인력 | 2명 |

| | 종류 | 연도 | 규모 | 투자기관 |
|---|---|---|---|---|
| 주요 투자 | 시리즈B | 2020 | 143억 원 | 녹십자홀딩스, 녹십자MS, KB증권, KDB산캐피탈, DK&D, 피앤피인베스트먼트, 파트너스인베스트먼트, 타임와이즈인베스트먼트 |
| | 시리즈A | 2018 | 52억 원 | 파트너스인베스트먼트, 타임와이즈인베스트먼트, IBK캐피탈, 기술보증기금, 심본투자파트너스 등 |
| | 시드투자(보통주) | 2017 | 4,400만 원 | 스파크랩스, 미래에셋벤처투자 |

**핵심 인력**

| 이름(직책) | 경력 | 이력 | 학위 (학교, 졸업, 전공) |
|---|---|---|---|
| 이병철(CTO) | 액체생검 연구<br>• 연구용 및 진단용 효소 개발 연구<br>• 분자진단 키트 개발 연구 | • 진캐스트 CTO (2016~현재)<br>• 고려대학교 약학대학 겸임교수 (2015~현재)<br>• 제노플럭스, CTO (2014~2016)<br>• 솔젠트, 연구소장 (2010~2014)<br>• 미르젠, 기술이사 (2009~2010)<br>• 엔지노믹스, CEO (2007~2009)<br>• 중앙바이오텍, 연구소장 (2005~2007)<br>• 카이스트, 선임연구원 (2000~2005) | • 박사 (고려대학교, 1999, 생화학 및 분자생물학)<br>• 석사 (고려대학교, 1992, 유전공학)<br>• 학사 (고려대학교, 1989, 유전공학) |
| 백승찬(CEO) | • 광고/마케팅 사업<br>• 해외 의료서비스 사업<br>• 항감염단백질 사업화<br>• 액체생검 암 진단 사업화 | • 진캐스트, CEO (2017~현재)<br>• 바이오빛, 대표이사 (2015~2017)<br>• 베이징 Fangquaitang, CEO (2011~2015)<br>• 프라임인터랙티브, 부사장 (2005~2010)<br>• EASTER Communications, 이사 (2003~2005)<br>• 마이클럽닷컴, 기획팀장 (2000~2003)<br>• 대홍기획, Creative Director (1997~2000) | • 학사 (한성대학교, 1997, 산업디자인학) |

**파트너십**

| 연도 | 회사 | 형태 | 내용 |
|---|---|---|---|
| 2019 | Syneos | CRO 계약 | FDA PMA 승인을 위한 임상시험 진행 |
| 2020 | GC녹십자MS | 전략적 투자 | 암 조기진단 제품 공동 연구 및 판매 |

**핵심기술 및 특허**

| 구분 | 내용 | 특허 등록 | 만료 |
|---|---|---|---|
| ADPS (Allele-Discriminating Priming System) | 유전자 변이특이적 증폭효율이 증가된 DNA중합효소 | 한국, 미국, 유럽, 호주, 일본, 중국, 대만, 인도, 캐나다 | 2037.01. |
| | 유전자 변이특이성이 증가된 DNA중합효소의 활성증가용 PCR버퍼 조성물 | | |

**주요 제품 개발 단계**

| 제품명 | 초기 개발 | 탐색 임상 | 확증 임상 | 시판 |
|---|---|---|---|---|
| ADPS EGFR Mutation Test kit, ADPS BRAF Mutation Test kit | 2017~2019 | | | |
| ADPS KRAS Mutation Test kit 외 8종 | 2018~2020 | | | |
| RT-ADPS Oncology kit<br>Digital ADPS Oncology kit | RT-ADPS: 2019~2021 예상<br>Digital ADPS: 2020~2023 예상 | | | |

**주요 제품 데이터**

**ADPS EGFR Mutation Test kit** : 액체생검 진단의 한계였던 검출민감도 문제를 해결한 ctDNA 검출 기술. 1기 암환자까지 암유전자를 정밀하게 분석할 수 있는 액체생검 암유전자 진단 키트 상용화

▲액체생검은 전체적인 분자정보를 파악과 반복 검사가 가능. 액체생검은 비침습적인 검사지만 민감도에 한계. 진캐스트는 검출민감도의 문제를 해결하고자 유전자 변이특이적 증폭기술로 최대 검출민감도 0.0001%(3/3,000,000) 구현한 ADPS 기술 개발

**주요 제품 데이터**

▲ADPS smart DNAP라는 중합효소를 개발, 정상 유전자는 그대로 두고 변이 유전자만 증폭시키는 기술. DNAP의 성능을 극대화하는 프라이머-프로브 설계기술, 반응완충액 최적화 기술을 융합. 체액 내 ctDNA만 선택적으로 증폭하는 컨셉. 프라이머-프로브 설계로 여러 암 유전자의 변이(SNV, Insertion, deletion, rearrangement 등) 진단. 암 유전자만 선별하여 증폭해 위양성 신호 최소화. 최대 0.0001%의 검출민감도를 구현했으며, 임상현장을 고려해 실제 검출민감도를 0.01%로 조정

▲차별성

- 유전자 증폭에 직접 관여하는 DNA Polymerase에 분별능 탑재, 최대 검출민감도 0.0001% 구현
- ADPS는 플랫폼 기술. 프라이머-프로브 설계로 여러 암 유전자 선택적 분석하는 확장성

▲임상 대상

- 암 환자 (진단, 예후, 예측, 치료결정, 모니터링, 재발검사 등 전 주기 검사)
- 추후 Digital ADPS 개발 시 무증상 일반인 대상

▲핵심 결과

- ADPS를 활용한 EGFR 변이 검출키트의 임상샘플 테스트(윤신교 아산병원 종양내과 교수팀)

  : 조직학적으로 확진된 비소세포폐암 환자 중 EGFR T790M 또는 C797S가 양성, 그리고 EGFR T790M, C797S 음성 환자 총 40명을 대상으로 기존 제품 대비 임상 성능 평가

  : 기존 제품 대비 4 cases를 추가로 검출. NGS 분석으로 민감도 100%, 특이도 100%, 양성일치도 100%, 음성일치도 100%

## 주요 제품 데이터

| T790M (plasma) | | Roche Cobas | | Total |
|---|---|---|---|---|
| | | Mutation | Normal | |
| GENECAST ADPS | Mutation | 13 | 4 | 17 |
| | Normal | 0 | 23 | 23 |
| total | | 13 | 27 | 40 |
| 민감도(sensitivity) | | 100% | 13/13x100 | |
| 특이도(specificity) | | 85.2% | 23/27x100 | |
| 양성일치도(positive percent agreement, PPA) | | 76.5% | 13/(13+4)x100 | |
| 음성일치도(Negative percent agreemetn, NPA) | | 100% | 23/(23+0)x100 | |
| 전체일치도(Overall percent agreement, OPA) | | 90% | (13+23)/40x100 | |

| T790M (plasma) | | Roche Cobas +NGS | | Total |
|---|---|---|---|---|
| | | Mutation | Normal | |
| GENECAST ADPS | Mutation | 17 | 0 | 17 |
| | Normal | 0 | 23 | 23 |
| total | | 17 | 23 | 40 |
| 민감도(sensitivity) | | 100% | 17/17x100 | |
| 특이도(specificity) | | 100% | 23/23x100 | |
| 양성일치도(positive percent agreement, PPA) | | 100% | 17/17x100 | |
| 음성일치도(Negative percent agreemetn, NPA) | | 100% | 23/(23+0)x100 | |
| 전체일치도(Overall percent agreement, OPA) | | 100% | (17+23)/40x100 | |

ADPS와 cobas 임상성능평가 결과 데이터(출처: 진캐스트 발표자료)

| 경쟁기업 | 설립 | 주요 제품 | 시가총액(2020.08.06. 기준) | 매출 (2019년 기준) |
|---|---|---|---|---|
| Roche Diagnostics | 1896 | cobas | 322조 3,854억 원 | 80조 2,482억 원 |

▲Cetus로부터 PCR 영업권 취득 (1991) → 조직기반진단전문 Ventana사 인수 (2008) → cobas 8000시스템 출시. 시간당 8,400개의 테스트 수행 (2009) → 세계 최초로 액체생검 동반진단 키트 FDA 승인 (2016)

▲cobas EGFR Mutation Test kit V2

- 조직 또는 혈액을 이용한 진단
- 2016년 세계 최초 액체생검 동반진단 키트 FDA PMA 승인
- 검출민감도: 50ng에서 1.3~13.4% (출처: FDA SSED)

| | | | |
|---|---|---|---|
| APTAMER SCIENCES | 주식회사 압타머사이언스, Aptamer Sciences Inc. | **대표** | 한동일, HAN DONG IL |
| **홈페이지** | http://aptsci.com/ | **설립** | 2011 |
| **대표 이메일** | aptamer@aptsci.com | **총원** | 34명 |
| **대표 전화** | 031-786-0317 | **연구원** | 박사급: 9 명 / 석사급: 9명 |
| | 상장 | **자본금** | 약 37억 9,400만원 |
| | | **매출** | 약 4억 800만 원(2019년) |
| **소재지** | 경기도 성남시 분당구 돌마로172 분당헬스케어혁신파크 407호 | | |
| **주요 사업 분야** | 1. 암 조기진단 기술 및 제품 | 2. 현장진단제품 | |

| | |
|---|---|
| 2020~2022년 **주요 마일스톤** | 1) 폐암 조기진단 제품 중국식약처(NMPA) 허가<br>2) 폐암 조기진단 제품 싱가포르 임상시험 완료<br>3) 신종코로나19 항원 현장진단키트 수출용 허가<br>4) 췌장암 조기진단 제품 식약처 확증임상시험<br>5) 임신중독증 POCT 식약처 확증임상시험 |

| 주요 투자 | 종류 | 연도 | 규모 | 투자기관 |
|---|---|---|---|---|
| | 신주발행(우선주) | 2016 | 71억 2,000만 원 | 지앤텍, 키움인베스트먼트, 한국투자, 아주 |
| | 신주발행(우선주) | 2018 | 97억 7,000만 원 | 한국투자, BSK, 에스엠시노, 에이치엘비, 아이디브이 |

**핵심 인력**

| 이름 (직책) | 경력 | 이력 | 학위 (학교, 졸업, 전공) |
|---|---|---|---|
| 한동일 (대표이사) | • SK, P-Project에서 2종의 중추신경계 신약 임상<br>• 간질치료제 (YKP509) J&J에 라이센싱<br>• 우울증 치료제 (YKP10A) J&J에 라이센싱<br>• 포항공과대학교 생명공학연구센터 사업개발 총괄 | • 압타머사이언스 대표이사 (2011~현재)<br>• 포항공대 생명공학연구센터 사업개발총괄 (2003~2011)<br>• SK Biopharm 이사 (2000~2003)<br>• SK 대덕기술원 의약연구팀장 (1993~2000) | • 박사 (한국과학기술원, 1990, 유기합성)<br>• 석사 (한국과학기술원, 1984, 유기합성)<br>• 학사 (서울대학교, 1982, 화학교육과) |
| 김기석 (연구소장) | • T 세포 면역기작 및 구조연구 수행<br>• 세파로스포린계 항생제 생산공정 개발 (Novartis사에 라이센싱 완료)<br>• AptoMIA 플랫폼 기술 및 암진단 개발<br>• 정부과제 "압타머를 이용한 당뇨망막병증 다지표진단 기술개발"외 4건 | • 압타머사이언스 연구소장 (2011~현재)<br>• 포항공대 압타머 사업단 (2009~2011)<br>• 아미코젠 연구원 (2001~2009)<br>• 하버드 의대, PostDoc (1997~2001) | • 박사 (경상대학교, 1997, 단백질공학)<br>• 석사 (경상대학교, 1992, 분자생물학)<br>• 학사 (경상대학교, 1990, 응용미생물학 |

**핵심 인력**

| 이름 (직책) | 경력 | 이력 | 학위 (학교, 졸업, 전공) |
|---|---|---|---|
| 정종하 (진단사업 본부장) | • 폐암 IVD 개발(식약처 승인 2017.09)<br>• 정부과제: 종양검사시약의 임상설계방법 연구 외 특허출원 2건 | • 압타머사이언스 진단사업본부장(2012~현재)<br>• 포항공대 박사후연구원 (2011-2012) | • 박사 (포항공대, 2011, 생명과학)<br>• 석사 (포항공대, 2003, 생명과학)<br>• 학사 (고려대, 2001, 생물학 ) |

**파트너십**

| 연도 | 회사명 | 형태 | 내용 |
|---|---|---|---|
| 2019 | 싱가포르 TTSH병원 | 공동연구 | 싱가포르 국립병원인 TTSH에서 200명 규모의 마케팅임상시험 및 후속 LDT서비스 협력 |
| | 이원의료재단 | 공급 계약 | 국내 수탁검사 기관 계약, 마케팅 협력, 제품 공급 조건 |

**핵심 기술 및 특허**

| 구분 | 적용 | 내용 | 특허 등록 | 만료 |
|---|---|---|---|---|
| **바이오마커** | EGFR1 외 6종 | 비소세포폐암 검출을 위한 단백질 바이오마커 패널 및 이를 이용한 비소세포성 폐암 진단 방법 | 한국 등록 | 2035.09. |
| | | | 중국, 일본, 싱가폴, 인도 출원 중 | |

**핵심 기술 및 특허**

| 구분 | 적용 | 내용 | 특허 등록 | 만료 |
|---|---|---|---|---|
| 플랫폼 기술 | 진단기술 | 압타머를 이용한 다중 (multiplex) PCR 방법 | 한국 (2019.02 출원) | |
| | 압타머발굴 | 대리 바이러스를 이용한 압타머 제조방법 | PCT (2018.08 출원) | |
| | 압타머 선별 및 진단방법 | 압타머를 이용한 Sandwich 형태의 어세이 | 미국 | 2031.04. |
| | 압타머응용 | 아미노링커 올리고 뉴클레오타이드의 제조방법 | 미국 | 2029.09. |

**주요 제품 개발단계**

| 제품명 | 초기 개발 | 탐색 임상 | 확증 임상 | 시판 |
|---|---|---|---|---|
| 폐암조기진단 | | | 2016~2017 | 2017 식약처 허가<br>2018 유럽 CE 허가 |
| | | 2020 진행중(중국, 싱가포르) | | |
| 신종코로나19 항원신속진단 | | 2020 (수출용 허가 진행) | | |
| 췌장암 조기진단 | 2020 (탐색임상 준비중) | | | |

**논문 및 학회 발표**

| 연도 | 제목 | 저널 or 학회 |
|---|---|---|
| 2018 | Clinical Validation of a Protein Biomarker Panel for Non-Small Cell Lung Cancer | *J Korean Med. Sci.* |
| 2017 | Development of a Protein Biomarker Panel to Detect Non-Small-Cell Lung Cancer in Korea | *Clin. Lung. Cancer* |

**주요 제품 데이터**

AptoDetect™-Lung : 다지표 진단기술(AptoMIA)의 첫 번째 결과물. 세계 최초로 압타머로 개발되어 규제기관의 허가를 받은 폐암 조기진단 키트

▲폐암은 발병율이 높은 암이지만. 5년 생존율은 25~30%로 낮음. 수술이 가능한 초기 단계에 발견 시 5년 생존율이 61.2%까지 상승. 단일종양표지자 검사는 진단 성능이 미흡하고, 영상진단(X-ray, LCDT)은 방사선 노출, 위양성이 높음

▲압타머는 단일 가닥의 핵산 또는 펩타이드로 안정된 삼차구조. 표적 리간드에 높은 친화성과 특이성. 폐암 환자의 혈액에서 EGFR, MMP7 등의 7개 바이오마커에 특이적으로 결합하는 압타머를 적용, 검사 대상자 혈액 안에 있는 소량의 표적 단백질을 검출해 폐암 진단

▲차별성:

- 다지표체외진단법(IVDMIA): 미량의 혈액으로 7종의 단백질 측정. 고유 알고리즘으로 분석하여 폐암 위험도 정보 제공
- 화학 합성으로 대규모 생산 가능함

▲임상 대상: 폐결절이 발견된 환자

**주요 제품 데이터**

▲핵심 결과

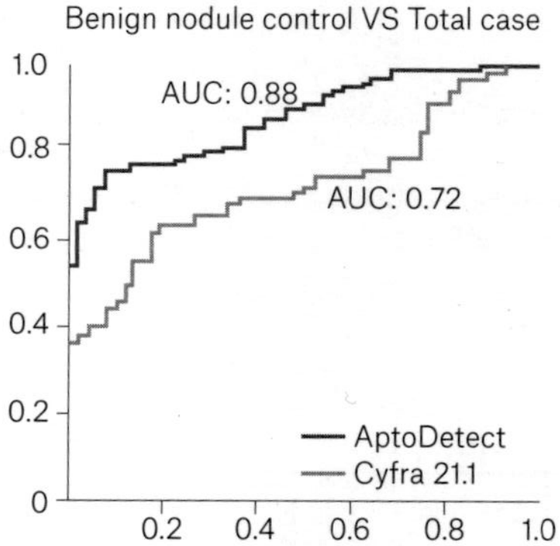


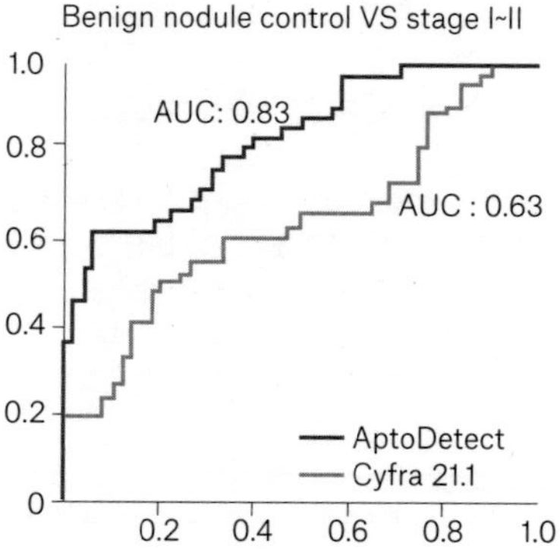


(doi:10.1016/j.cllc.2016.09.012)

- 정상인, 양성 폐결절, 폐암환자 총 600을 대상으로 임상시험
- 민감도 75%, 특이도 92% (다기관 민감도/특이도 69%/83%)
- 초기 폐암(I, II기)에 대한 민감도는 61.9%

| 경쟁기업 | 설립 | 주요 제품 | 시가총액 (2020.08.06. 기준) | 총 매출 (2019년 기준) |
|---|---|---|---|---|
| 온크이뮨(Oncimmue) | 2006 | 얼리시디티 (EarlyCDT-Lung) | 1,369억 원 | 2억 6,600만 원 |

▲런던 증권거래소 상장 (2006) → EarlyCDT-Lung CE 인증 (2017)

▲EarlyCDT-Lung: 폐암 진단키트. 민감도 41%, 특이도91%. 미국에서 Medicare part B 보험 적용. 폐암을 비롯하여 간암 진단제품으로 확대 중

| | | | |
|---|---|---|---|
| IMB Dx Early Detection of Cancer | 아이엠비디엑스, IMB Dx, Inc. | **대표** | 문성태, Peter Moon |
| **홈페이지** | www.imbdx.com | **설립** | 2018 |
| **대표 이메일** | info@imbdx.com | **총원** | 19명 |
| **대표 전화** | 02-6951-2906 | **연구원** | 박사급: 4명 / 석사급: 6명 |
| 비상장 | | **자본금** | 약 1억 7,600만 원 |
| | | **매출** | 440만 원(2019년) |
| | | | 약 5억 원(2020년 예상) |
| **소재지** | 서울특별시 금천구 가산디지털1로 131, BYC하이시티 A동 21층 | | |
| **주요 사업 분야** | 1. 암 분자진단 기술 및 제품 | 2. 유전체 분석 서비스 | |

| | |
|---|---|
| **2020~2022년 주요 마일스톤** | 1) AlphaLiquid-Colon 체외진단 의료기기 3등급 인증 (2021년)<br>2) AlphaLiquid-100 임상 검증 완료 후 주요 대형병원 적용<br>3) 동남아 거점 국가(대만, 싱가폴) 진출<br>4) 10k Project 통해 고형암 8종에 대해 동반진단 및 모니터링, 임상적 유의성 확보<br>5) AlphaLiquid-Epi 조기진단 플랫폼 성능 확보 후 임상 검증 |

| | 종류 | 연도 | 규모 | 투자기관 |
|---|---|---|---|---|
| 주요 투자 | 전환우선주 | 2020 | 20억 원 | 파트너스 인베스트먼트 |
| | 전환우선주 | 2020 | 각 10억 원 | 원익투자파트너스, 펜처인베스트먼트 |
| | 전환우선주 | 2020 | 30억 원 | 인터베스트 |

**핵심 인력**

| 이름(직책) | 경력 | 이력 | 학위 (학교, 졸업, 전공) |
|---|---|---|---|
| 김태유<br>(CMO) | • 서울대학교 암병원장<br>• 서울대학병원 정밀의료센터 센터장 | • IMBDx CMO<br>• 서울대학교 의과대학 내과학 교수<br>• 서울대학교 융합과학기술 대학원 교수<br>• 대한종양내과학회 이사장 | • 박사 (서울대학교, 1996, 의학과<br>• 석사 (서울대학교, 1994, 의학과)<br>• 학사 (서울대학교, 1986, 의학과) |
| 방두희<br>(CTO) | • 종양세포, 면역수용체 레파토어 분석기반 종양진단 기술 개발 | • IMBDx CTO<br>• 연세대학교 화학과 교수 | • 박사 (시카고대학교, 2005, 화학과)<br>• 학사 (연세대학교, 1998, 화학과) |
| 문성태<br>(대표이사) | • 전문경영인 | • IMBDx CEO<br>• 케이씨텍 경영전략실 | • 석사 (더블린대학교, 2006, 경영학)<br>• 학사 (연세대학교, 2000, 화학과) |

### 파트너십

| 연도 | 회사명 | 형태 | 내용 |
|---|---|---|---|
| 2020 | 서울대학교 병원 | 연구개발 | 말초혈액 유래 유전체 및 면역 레파토어 분석을 통한 암 진단도구 개발 및 상용화 |
| 2020 | 서울대학교 병원 | 연구개발 | 맞춤형 암, 만성염증 극복을 위한 개방형 연구 비즈니스 플랫폼 구축 |
| 2020 | 고려대학교 의료원 K-Master | MOU | 암 환자 샘플의 유전체 분석 및 변이에 대한 치료, 진단, 연구 |

### 핵심 기술 및 특허

| 구분 | 내용 | 특허 등록 | 만료 |
|---|---|---|---|
| 분석 기술 | 바코드 서열 포함 어댑터를 이용한 차세대 염기서열 분석 방법 | 한국 | 2038.05. |
| 플랫폼 | 대장암의 다빈도 유전자 변이 탐색을 위한 차세대 염기서열 분석 기반 프로브 발굴 및 대장암 진단 | 한국 | 출원중 |

### 주요 제품 개발 단계

| 제품명 | 초기 개발 | 탐색 임상 | 확증 임상 | 시판 |
|---|---|---|---|---|
| Alpha-Colon | | | 2018 ~ 2020 | |
| Alpha-100 | | | 2018 ~ 2020 | |

**주요 제품 개발 단계**

| 제품명 | 초기 개발 | 탐색 임상 | 확증 임상 | 시판 |
|---|---|---|---|---|
| Aplha-1000 | ▬▬▬ | ▶ | | |

**주요 제품 데이터 1**

AlphaLiquid-colon : 비침습적인 유전체 분석 액체생검 임상 적용. 비용과 시간을 절약, 환자 생존율 상승

▲대장암은 30% 이상이 말기에 발견, 조기에 발견하면 생존률이 높아져 치료비용이 감소. 대장내시경의 불편함과 분변잠혈검사의 낮은 정확도를 개선하는 비침습적 대장암 조기진단 기술 개발. 검출한계(LOD) 0.5%, 민감도 95%, 특이도 95%의 안정적 성능 확보

▲임상 대상: 3, 4기 대장암 환자

▲핵심 결과

- 혈액 20ml를 사용. 대장암 환자 96%에서 발견되는 ctDNA의 10개 타깃 유전자의 SNV, Indel 변이 정보 제공. UniqSeq® 분석 제품 데이터으로 0.1%의 희귀 돌연변이 검출. 종양 cfDNA 분석 효율 높임
- 검출한계(LOD) 0.5%, 민감도 95%, 특이도 95%
- 대장암 환자의 유전체 분석으로 동반진단 및 모니터링

**주요 제품 데이터 2**

AlphaLiquid-100: 고형암 8종에 대한 동반진단, 모니터링, 전이 여부, 예후예측 판단 진단 플랫폼

▲조직, 영상을 이용한 암 진단은 필요한 시점에 필요한 정보를 얻을 수 없음

▲차별성: 0.1% LOD로 전이 여부 및 예후예측 정보 제공 가능

▲임상 대상: 3, 4기 암 진단을 받은 환자

▲핵심 결과

- 적절한 시점에 채혈로 개인 맞춤형 치료전략을 세울 수 있도록, 106개 유전자의 전 Exon 영역의 변이정보 제공. 고형암 8종에서 환자의 혈액 20ml를 채취, 106개의 유전자의 전 엑손(exon)에서 발생하는 SNV, Indel, CNV, Fusion, MSI status을 99%의 민감도와 특이도로 확인

| 경쟁기업 | 설립 | 주요 제품 | 시가총액(2020.08.06. 기준) | 총 매출 (2019년 기준) |
|---|---|---|---|---|
| Guardant Health | 2013년 | Guardant360 | 9조 9,000억 원 | 2,535억 원 |

▲Guardant 360 출시 (2014) → 나스닥 상장 (2018)

▲동반진단 액체생검 서비스 가던트360, 가던트Omni를 제공: 혈액 이용 진단, 공공보험(Medicare)이 적용되는 LDT 진단 서비스

| OPTOLANE Technologies, Inc. | ㈜옵토레인, OPTOLANE Technologies, Inc. | **대표** | 이도영, Do Young Lee |
|---|---|---|---|
| **홈페이지** | www.optolane.com | **설립** | 2012 |
| **대표 이메일** | info@optolane.com | **총원** | 78명 |
| **대표 전화** | 031-737-7811 | **연구원** | 박사급: 12명 / 석사급: 9명 |
| 비상장 | | **자본금** | 43억 원 |
| | | **매출** | 약 2억 원 (2019년) |
| | | | 약 50억 원 (2020년 예상) |
| **소재지** | 13494 경기도 성남시 분당구 판교역로 241번길 20, 6층(삼평동, 미래에셋벤처빌딩) | | |
| **주요 사업 분야** | 1. 바이오-반도체 기반 분자진단 시스템 | 2. 암진단, 감염성 질환진단제품 | |

| | |
|---|---|
| 2020~2022년<br>주요 마일스톤 | 1) BCR-ABL 진단제품 식약처 허가, 유럽 CE-IVD 허가<br>2) 흑색종 돌연변이 진단제품 식약처 허가, 유럽 CE-IVD 허가<br>3) 유방암 돌연변이 진단 패널 식약처 허가, 유럽 CE-IVD 허가<br>4) 폐암 돌연변이 진단 패널 식약처허가, 유럽 CE-IVD 허가 |

| | 종류 | 연도 | 규모 | 투자처 |
|---|---|---|---|---|
| **주요 투자** | 시리즈 C | 2019 | 120억 원 | 포스코기술투자, UTC인베스트먼트, L&S벤처캐피탈 |
| | 시리즈 B bridge | 2018 | 120억 원 | 스타셋인베스트먼트, 타임폴리오자산운용 |
| | 시리즈 B | 2017 | 100억 원 | 파트너스인베스트먼트, BNH인베스트먼트, 원익투자파트너스, 삼호그린인베스트먼트 |

**핵심 인력**

| 이름(직책) | 경력 | 이력 | 학위 (학교, 졸업, 전공) |
|---|---|---|---|
| 이도영<br>(대표이사) | • 반도체센서 기반 분자진단 플랫폼 개발<br>• 반도체센서 기반 면역진단 플랫폼 개발<br>• CMOS 바이오센서 기술개발<br>• 3D wafer stacking 기술 개발<br>• CMOS 영상센서 기술 개발 | • 옵토레인 대표이사 (2014~현재)<br>• 실리콘화일 대표이사 (2010~2014)<br>• 실리콘화일 연구소장 (2002~ 2010)<br>• 하이닉스 반도체 (1997~2002) | • 석사 (포항공과대학교, 1997, 전기전자 공학)<br>• 학사 (충남대학교, 1995, 물리학) |

**핵심 인력**

| 이름(직책) | 경력 | 이력 | 학위 (학교, 졸업, 전공) |
|---|---|---|---|
| 최경학<br>(기술이사) | • Digital real-time PCR 진단 플랫폼 기술개발<br>• 바이오-반도체 PCR 기술개발<br>• 바이오 융합 반도체 광학센서개발<br>• 형광 이미징 시스템 개발 | • 옵토레인, 기술이사 (2019~현재)<br>• 옵토레인, 연구소장 (2015~2019)<br>• 옵토레인, 연구원 (2014~2015)<br>• 실리콘화일, 책임연구원 (2012~2014) | • 박사 (University of Texas at Dallas, 2012, 전자공학)<br>• 석사 (University of Texas at Dallas, 2009, 전자공학)<br>• 학사 (서울대학교, 2003, 전기공학부)<br>• 학사 (서울대학교, 1994, 전공: 지질과학, 부전공: 물리학) |
| 신승식<br>(연구소장) | • Digital real-time PCR 기반 암진단 기술 개발<br>• Digital real-time PCR 기반 감염성 질환 진단기술 개발<br>• 면역진단 기반 심혈관진단기술개발 | • 옵토레인 연구소장 (2019~현재)<br>• 옵토레인 암연구소 소장 (2019~2019)<br>• 제주대학교 학술연구교수(2015~2019)<br>• 세포활성연구소 연구소장 (2014~2015)<br>• 녹십자MS수석연구원 (2014~2014)<br>• 바이오니아 책임연구원 (2013~2014) | • 박사 (Rutgers University, 2007, 종양생물학)<br>• 석사 (중앙대학교, 1998, 식품생화학)<br>• 학사 (중앙대학교, 1996, 식품공학) |

**파트너십**

| 연도 | 회사 | 형태 | 내용 |
|---|---|---|---|
| 2019 | 온코랩 | 공동연구 | CTC/ctDNA 유래 액체생검 기반 암진단 플랫폼개발 공동연구 |
| 2020 | 엑소조믹스 | 공동연구 | 엑소좀 유래 액체생검 기반 암진단 플랫폼개발 공동연구 |

**주요 제품 개발 단계**

| 제품명 | 초기 개발 | 탐색 임상 | 확증 임상 | 시판 |
|---|---|---|---|---|
| BCR-ABL1 진단 (Leukemia) | | | | |
| Melanoma 변이 진단 패널 | | | | |
| Breast cancer 변이 진단 패널 | | | | |
| Lung cancer 변이 진단 패널 | | | | |

**논문 및 학회 발표**

| 연도 | 제목 | 저널 or 학회 |
|---|---|---|
| 2020 | Detection and quantification of BCR-ABL1 fusion transcripts using digital real time PCR system | 바이오칩학회 |

**주요 제품 데이터**

**BCR-ABL1 진단**(Leukemia) : 디지털 PCR 기술은 일반 리얼타임 RT-PCR로 확인이 어려운 정량값을 확인할 수 있음. BCR-ABL1 검사는 혈액암(만성 골수성백혈병) 치료에 중요한 지표. 디지털 PCR로 정량값을 제시할 수 있고, 사용법이 간단함

▲만성골수성백혈병 진단에 필요한 최소량의 BCR-ABL1 검출을 위한 RNA 추출 및 RT 증폭 프로토콜 최적화 필요

▲차별성

- PCR 플랫폼 기기로 Multiplex Real-Time PCR과 Digital PCR을 하나의 기기로 합침
- 비전문가도 30분 교육으로 운용 가능
- 현재 시장 1위 제품은 고가이며 여러 장치가 필요. PCR 결과를 얻는 데 시간이 더 많이 걸림. 옵토레인의 Digital Real-Time PCR 플랫폼은 1/10 가격에 단순한 구성, 손쉬운 조작 가능, 1시간 이내에 Digital PCR 완료
- Real-Time PCR 대비 100배 이상의 민감도, 높은 정확도. 액체생검 기반 초기 암 연구에 활용 가능

| 경쟁기업 1 | 설립 | 주요 제품 | 시가총액(2020.08.06. 기준) | 매출 |
|---|---|---|---|---|
| Bio-Rad | 1952 | PCR 기기 (QX200, CFX96) | 18조 5,412억 원 | 2조 7,400억 원 |

| 경쟁기업 2 | 설립 | 주요 제품 | 시가총액(2020.08.06. 기준) | 매출 |
|---|---|---|---|---|
| Thermo-Fisher | 2006 (merger of Thermo and Fisher) | PCR 기기 (ABI7500 QuantStudio series) | 197조 776억 원 | 30조 2,557억 원 |

| NGeneBio Innovative & Next Generation Biotechnology | 엔젠바이오, NGeneBio | 대표 | 최대출 (Daechul Choi) |
|---|---|---|---|
| 홈페이지 | www.ngenebio.com | 설립 | 2015 |
| 대표 이메일 | daech.choi@ngenebio.com | 총원 | 74명 |
| 대표 전화 | 02-867-9897 | 연구원 | 박사급: 8명 / 석사급: 35명 |
| 비상장 | | 자본금 | 96.9억 원 |
| | | 매출 | 14.7억 원 (2019) |
| | | | 47.3억 원 (2020 예상) |
| 소재지 | 서울특별시 구로구 디지털로288 | | |
| 주요 사업 소개 | 1. 정밀진단 제품 (유방암, 고형암, 혈액암 등) | 2. 정밀진단 SW 및 분석 플랫폼 | |
| 2020~2022년 주요 마일스톤 | 1) 정밀진단 제품 4종 식약처 3등급 허가 취득(2020년)<br>2) 액체생검 기반 예후/예측 진단법 상용화 및 미국 진출(2021년)<br>3) 암 정밀진단제품 미국 FDA 허가 취득, 해외 대리점 30곳 확보 및 글로벌 수출(2022년) | | |

| | 종류 | 연도 | 규모 | 투자기관 |
|---|---|---|---|---|
| 주요 투자 | 신주발행(보통주) | 2020 | 58억 원 | 킹고파트너즈, 케이런벤처스, IMM인베스트먼트 |
| | 신주발행(보통주) | 2019 | 27억 원 | 일동제약 |
| | 신주발행(상환전환우선주) | 2019 | 25억 원 | 한국벤처투자 |

**핵심 인력**

| 이름 (직책) | 경력 | 이력 | 학위 (학교, 졸업, 전공) |
|---|---|---|---|
| 최대출 (CEO) | • (재)한국유전자검사평가원 이사 (기업대표)<br>• 유전자검사서비스인증제 추진 위원회 위원(기업대표)<br>• 한국바이오협회 유전체기업협의회 운영위원 | • 엔젠바이오, CEO (2016~현재)<br>• 엔젠바이오, 부사장 (2015년~ 2016)<br>• 케이티 사내벤쳐 GenomeCloud 대표 (2011~2015)<br>• 케이티 Bioinformatics사업팀 부장 (2009~2015)<br>• 케이티에프 신사업개발 과장 (2003~2009)<br>• 한솔엠닷컴 시스템엔지니어 (1998~ 2003) | • 학사 (성균관대학교, 1998, 전자공학) |

### 핵심 인력

| 이름 (직책) | 경력 | 이력 | 학위 (학교, 졸업, 전공) |
|---|---|---|---|
| 김광중 (CTO) | 엔젠바이오 연구개발 총괄 | • 엔젠바이오, 부사장 (2015~)<br>• 케이티 사내벤쳐 GenomeCloud 및 Bioinformatics 사업팀 겸직 (2012~2015)<br>• 질병관리본부 선임연구원 (2004~ 2012)<br>• 바디텍메드 연구원 (2001~2003) | • 박사 (강원대학교, 2009, 분자유전학)<br>• 석사 (강원대학교, 2000, 미생물학)<br>• 학사 (강원대학교, 1998, 미생물학) |
| 윤세혁 (경영기획 본부장) | 엔젠바이오 경영기획 총괄 | • 엔젠바이오, 이사 (2015~현재)<br>• 케이티 사내벤쳐 GenomeCloud 및 Bioinformatics 사업팀 겸직 (2011~2015)<br>• 케이티 신사업전략 차장 (2010~ 2015)<br>• 케이티 그룹전략 과장 (2007~2009)<br>• 케이티 신사업전략 대리 (2004~ 2006) | • 석사(서울대학교, 2004, 전기컴퓨터공학)<br>• 학사(서울대학교, 2002, 전기공학) |

### 파트너십

| 연도 | 회사 | 형태 | 내용 |
|---|---|---|---|
| 2019 | 일동아이디언스 | 공급계약 | 동반진단 제품 SOLIDaccuTest CDx 공급 및 신약 개발 협력 |

핵심 기술 및 특허

| 구분 | 바이오마커 | 내용 | 특허 등록 | 만료 |
|---|---|---|---|---|
| 정밀진단패널기술 | ATM 외 15종 | 유전자의 결실을 이용한 유방암 환자의 예후 예측 방법 | 한국 | 2036.05. |
| | BRCA1, BRCA2 | 유방암 및 난소암 등 암 진단용 조성물 및 이의 용도 | 한국 | 2037.12. |
| | BRCA1, BRCA2 | BRCA1 및 BRCA2 유전자 변이 검출용 조성물 및 이의 용도 | 한국 | 2039.06. |
| 정밀진단 데이터분석 기술 | | 차세대 염기서열 분석기법을 이용한 유전자 재배열 검출 방법 | 한국 | 2037.08. |
| | | 앰플리콘 기반 차세대 염기서열 분석기법에서 프라이머 서열을 제거하여 분석의 정확도를 높이는 방법 | 한국 | 2037.08. |

주요 제품 개발 단계

| 제품명 | 초기 개발 | 탐색 임상 | 확증 임상 | 시판 |
|---|---|---|---|---|
| BRCAaccuTest (유방암정밀진단) | | | 2016~2017년 | |
| SOLIDaccuTest (고형암정밀진단) | | | 2017~2018년 | |

**주요 제품 개발 단계**

| 제품명 | 초기 개발 | 탐색 임상 | 확증 임상 | 시판 |
|---|---|---|---|---|
| HEMEaccuTest (혈액암정밀진단) | | | 2017~2018년 | |
| NGeneAnalySys (분석소프트웨어) | | | 2015~2017년 | |
| HLAaccuTest (조직적합성정밀진단) | | 2018~2020년 | | |

**논문 및 학회 발표**

| 연도 | 제목 | 저널 or 학회 |
|---|---|---|
| 2020 | Detection of BRCA1/2 large genomic rearrangement including BRCA1 promoter-region deletions using next-generation sequencing | *Clinica Chimica Acta* |
| | Detection of Targetable Genetic Alterations in Korean Lung Cancer Patients: A Comparison Study of Single-Gene Assays and Targeted Next-Generation Sequencing | *Cancer Res Treat* |
| 2019 | Validation and Utilization of NGS based HEMEaccuTest Panel and Analysis Software for Hematological Malignancies | ASCO Breakthrough |

**논문 및 학회 발표**

| 연도 | 제목 | 저널 or 학회 |
|---|---|---|
| 2017 | Clinical performance study of a NGS based BRCAaccuTest for BRCA1/2 mutation test in hereditary breast cancer specimens | LMCE |

**주요 제품 데이터**

**정밀진단 NGS 패널(AccuTest 시리즈)** : 동시에 대용량 유전자 검사가 가능한 차세대염기서열분석 기술의 임상적 활용을 위해 체외분자진단 의료기기(시약) 개발, 상용화. 항암제 신약 동반진단 개발을 위한 기술력 확보

▲개인 맞춤의학 및 정밀의료를 구현하기 위하여 암 환자의 유전적 특성 파악이 필요함. 유전적 특징에 따라 질병의 정확한 진단과 환자에 대한 약물 반응성 등을 예측하여(동반진단) 개인별 맞춤 치료에 활용하기 위해 개발

▲현황

: 한국 식약처의 NGS 체외진단의료기기 허가(BRCAaccuTest, 2017)

: 한국 항암제 신약의 동반진단 개발을 위한 임상시험계획 승인(SOLIDaccuTest, 2019)

**주요 제품 데이터 2**

**정밀진단 소프트웨어**(NGeneAnalySys) : 실제 임상 현장에서 생산된 RWD(Real World Data) 기반 임상 유전체 데이터베이스와 머신러닝 기술을 합쳐 유전체 빅데이터 분석 플랫폼 상용화

▲NGS 기술은 기존 진단기술에 비해 대량의 데이터를 생산. 정밀진단을 위한 데이터 분석 플랫폼을 개발

: 한국 최초 임상 유전체 데이터 분석용 소프트웨어의 식약처 허가 및 상용화(NGeneAnalySys, 2017)

: 클라우드 기반의 정밀진단 데이터 분석 플랫폼 상용화(ISO27001 인증, 2020)

▲엔젠바이오는 KT 사내벤처부터 개발한 클라우드 기반 유전체 빅데이터 분석 기술 및 응용 소프트웨어 개발 기술 기반으로 NGS 기반 패널 제작 기술을 확보해 식약처 승인. 현재 체외진단 의료기기를 개발해 국내외 의료기관에 공급

▲차별성: 머신러닝 기반 돌연변이의 임상적 중요도 판별

▲임상 대상: 혈액암, 고형암 환자, 암 발생 고위험군(유전성 유방암)

| **경쟁기업 1** | **설립** | **주요 제품** | **시가총액 (2020.08.06. 기준)** | **매출** |
|---|---|---|---|---|
| 미리어드제네틱스 (Myriad Genetics) | 1991 | BRCA/유전성 암 임상검사 서비스 | 1조 1,000억 원 | 1조 원 |

- 1996년 이래 Sanger sequencing 기술 기반 BRCA 1/2 유전자 검사 시행
- 2020년 현재, 100만 명 이상 환자의 유전정보 기반 데이터베이스 보유

▲BRCA/유전성 암 임상검사 서비스

BRCA 변이 유방암과 난소암 치료제로 허가받은 PARP 저해제의 동반진단. 미국 FDA 허가 (아스트라제네카의 린파자, 화이자의 탈제나)

| 경쟁기업 2 | 설립 | 주요 제품 | 시가총액 | 매출 |
|---|---|---|---|---|
| 소피아제네틱스(Sophia Genetics) | 2011 | NGS data 분석 /진단시약 | 비상장 | |

• 2017년, 혈액, 소변, 뇌척수액 등에서 순환종양세포 및 종양세포 DNA 분석 소프트웨어 개발

▲NGS data 분석/진단시약

Hybrid capture 기반 NGS 패널. 세계 최초로 유럽 CE-IVD 허가 (2018) . 혈액암 30개 유전자 검출, 고형암 42개 유전자 검출 NGS 패널과 분석 솔루션 제공

| | | | |
|---|---|---|---|
| EDGC EONE-DIAGNOMICS Genome Center | 이원다이애그노믹스㈜,<br>ENOE-DIAGNOMICS Genome Center | **대표** | 신상철, 이민섭 /<br>Shangcheol Shin, Minseob Lee |
| **홈페이지** | www.edgc.com | **설립** | 2013 |
| **대표 이메일** | info@edgc.com | **총원** | 88명 |
| **대표 전화** | 032-713-2100 | **연구원** | 36명(박사급: 8명 / 석사급: 20명) |
| **코스닥** | 245620 | **자본금** | 약 36억 1,700만 원 |
| | | **매출** | 약 56억 2,100만 원 (2019년) |
| | | | 약 1,200억 원 (2020년 예상) |
| **소재지** | 인천광역시 연수구 하모니로 291(송도동) EDGC | | |
| **주요 사업 분야** | 1. 유전체분석서비스 | 2. 체외진단의료기기 및 분자진단키트 | |
| **2020~2022년 주요 마일스톤** | 1) 혈액 기반 폐암 조기진단 제품 식약처 인허가 완료<br>2) 혈액 기반 폐암 조기진단 제품 중국 NMPA 인허가 완료<br>3) 암 재발 및 약물반응 모니터링 식약처 인허가<br>4) 혈액 기반 액체생검 조직유래(tissue of origin) 분석 기술 확보<br>5) 혈액 기반 유방암, 대장암 조기진단 제품 식약처 인허가 | | |

**핵심 인력**

| 이름(직책) | 경력 | 이력 | 학위 (학교, 졸업, 전공) |
|---|---|---|---|
| 이민섭<br>(대표이사) | 주요 논문<br>• Stephens, J.C., Lee, M.S., et al. (2001): Haplotype Variation and Linkage Disequilibrium in 313 Human Genes. Science 293: 489<br>• Edwards, DR, Lee, M.S., et al (2011) Polymorphisms in Maternal and Fetal Genes Encoding for Proteins Involved in Extracellular Multi-dimension Metabolism Alter the Rick for Small-for-Gestational-Age, JMFNM:24(2):362 | • EDGC 대표이사 (2013~현재)<br>• 美 다이애그노믹스 창업자 (2011~현재)<br>• 美 시퀴놈 수석연구원 (2005~2009)<br>• 美 제네상스 책임연구원 (2000~2005) | • 박사후과정 (Harvard Medical School, 2000, 유전체학)<br>• 박사 (City of Hope National Medical Center, 1999, 생명과학)<br>• 석사 (캘리포니아 주립대, 1994, 생물학/미생물학)<br>• 학사 (경희대학교, 1991, 생물학) |

**핵심 인력**

| 이름 (직책) | 경력 | 이력 | 학위 (학교, 졸업, 전공) |
|---|---|---|---|
| 이성훈<br>(CTO) | • 위암, 폐암, 간암 유전체 연구 외<br>• NIPT(비침습산전진단)<br>• 액체생검 암 조기진단 / 모니터링)개발 외<br>• 인천시 과학기술상(대상) | • EDGC 부사장(CTO) (2006~현재)<br>• 테라젠이텍스, 전무이사 (2009~2016)<br>• 국가참조표준센터 변이체데이터센터, 센터장 (2011~2012)<br>• 한국생명공학연구원, 선임연구원 (2002~2009) | • 박사 (KAIST, 1998, 생명과학)<br>• 석사 (KAIST, 1994, 생명과학)<br>• 학사 (경북대학교, 1992, 미생물학) |
| 배진식<br>(기술연구소장) | • 비침습산전검사 연구 외<br>• 장기이식 거부반응 모니터링 연구<br>• 액체생검 암 조기진단/모니터링 기술 개발 외<br>• 검사실책임자<br>• 기업부설연구소장 | • EDGC 연구소장 (2015~현재)<br>• 가천대학교 이길여암당뇨연구원, 연구교수 (2011~2015)<br>• 연세대학교 의과대학 생화학분자생물학교실 연구강사 (2007~2011) | • 박사 (아주대학교, 2007, 의학)<br>• 석사 (동아대학교, 2002, 농생물학)<br>• 학사 (동아대학교, 2000년, 응용생물학) |

**파트너십**

| 연도 | 회사 | 내용 |
|---|---|---|
| 2020 | 노아바이오텍 | • 3D 프린트를 활용하여 소에서 유래된 근육, 지방세포가 담지된 생체 재료를 3차원 형상으로 프린트하여 고속으로 3차원 배양상태로 만드는 기술 개발<br>• 3D 프린터 기반 조직 모방형 구조체를 이용하여 근육, 지방세포 분화상태 모니터링 기법 및 표준화 시스템 개발 |
| 2019 | 바이로큐어 | • 항암바이러스 치료제 개발 공동연구<br>• 암 관련 바이오마커 임상데이터 개발 |

**핵심 기술 및 특허**

| 구분 | 내용 | 특허 출원 | 만료 |
|---|---|---|---|
| 마커발굴 및 분석 기술 | 핵산의 메틸화 차이를 이용한 마커 선별방법, 메틸 또는 탈메틸 마커 및 마커를 이용한 진단방법 | 한국, PCT | |

**주요 제품 개발 단계**

| 제품명 | 초기 개발 | 탐색 임상 | 확증 임상 | 시판 |
|---|---|---|---|---|
| EDGC S-CAN® (액체생검 암 동반진단검사, RUO) | | 2017-2018 | | 2018 |
| EDGC S-CAN® (액체생검 암 스크리닝검사, RUO) | | 2017-2018 | | 2018 |
| EDGC M-CAN® (액체생검 암 모니터링검사, RUO) | | 2017-2018 | | 2018 |
| 액체생검 대장암 조기진단검사 키트 (상품명 미정) | 2017-현재 | | | |
| 액체생검 유방암 조기진단검사 키트 (상품명 미정) | 2017-현재 | | | |
| 액체생검 폐암 조기진단검사 키트 (상품명 미정) | 2019-현재 | | | |
| 액체생검 위암 조기진단검사 키트 (상품명 미정) | 2020-현재 | | | |

논문 및 학회 발표

| 연도 | 제목 | 저널 or 학회 |
|---|---|---|
| 2020 | Clinical Utility of Combined Circulating Tumor Cell and Circulating Tumor DNA Assays for Diagnosis of Primary Lung Cancer | *Anticancer Research* |

| DCGEN Making Decisions For You | 주식회사 디시젠, DCGen Co., Ltd. | 대표 | 신희철, Hee-Chul Shin |
|---|---|---|---|
| 홈페이지 | www.dcgen.co.kr | 설립 | 2017 |
| 대표 이메일 | support@dcgen.co.kr | 총원 | 14 |
| 대표 전화 | 02-3675-7885 | 연구원 | 박사급: 2명 / 석사급: 3명 |
| 비상장 | | 자본금 | 7천만 원 |
| | | 매출 | 약 400만 원 (2019년) |
| | | | 약 20억 8,400만 원 (2020년 예상) |
| 소재지 | 서울시 종로구 사직로 130 | | |
| 주요 사업 분야 | 1. 암 분자진단용 체외진단 의료기기 개발 | 2. 유전체 분석 서비스 | |
| 2020~2022년 주요 마일스톤 | 1) OncoFREE (유방암 예후 · 예측용 체외진단 의료기기) 식약처 허가 완료<br>2) HOPE (호프, 유전성암[유방암과 난소암]) 발병 가능성 분석용 체외진단 의료기기 식약처 허가 완료<br>3) SurgiFREE(써지프리, 갑상선암 진단용 체외진단 의료기기) 식약처 허가 완료<br>4) 싱가포르 분석실 설립<br>5) 국내 NGS 임상검사실 인증 | | |

| 주요 투자 | 종류 | 연도 | 규모 | 투자기관 |
|---|---|---|---|---|
| | 신주발행(보통주) | 2018 | 2억 원 | 메디톡스벤처투자 |
| | 신주발행(보통주) | 2019 | 40억 원 | 프리미어파트너스, 인터베스트 |

**핵심 인력**

| 이름(직책) | 경력 | 이력 | 학위 (학교, 졸업, 전공) |
|---|---|---|---|
| 신희철<br>(대표이사) | • 암 분자진단용 체외진단 의료기기 연구 및 개발 (HOPE) / 투자 유치 등 기업 운영 | • 디시젠 대표이사 (2017~현재)<br>• 분당서울대학교병원 외과 부교수 (2019~현재)<br>• 중앙대학교 의과대학/중앙대학교병원 외과 조교 (2014~2019) | • 박사 (서울대학교, 2019, 의학과)<br>• 석사 (서울대학교, 2011, 의학과)<br>• 학사(서울대학교, 2002, 의과대학) |
| 한원식<br>(의장) | • 기존 제품 및 신규 제품 연구 총괄<br>• 유전체 분석 서비스 개발 총괄 | • 디시젠 의장 (2017~현재)<br>• 서울대학교병원 외과 교수 (2014~현재)<br>• 서울대학교 의과대학 교수 (2014~현재) | • 박사 (서울대학교, 2005, 의학과)<br>• 석사 (서울대학교, 2003, 의학과)<br>• 학사 (서울대학교, 1994, 의과대학) |
| 이한별<br>(이사) | • 암 분자진단용 체외진단 의료기기 연구 및 개발 (OncoFREE)<br>• 임상시험 전략 개발 | • 디시젠 메디컬이사(CMO) (2017~현재)<br>• 서울대학교병원 외과 조교수 (2016~현재) | • 석사 (서울대학교, 2015, 의학과)<br>• 학사 (KAIST, 2002, 생물과학) |

**핵심 기술 및 특허**

| 구분 | 내용 | 특허 등록 | 만료 |
|---|---|---|---|
| 플랫폼 기술 | 유방암 예후 예측용 조성물 및 방법 | 한국 | 2037.10. |
| | 차세대 염기서열분석을 이용한 기계학습 기반 유방암 예후 예측 방법 및 예측 시스템 | 한국 | 2037.11. |

**주요 제품 개발 단계**

| 제품명 | 초기 개발 | 탐색 임상 | 확증 임상 | 시판 |
|---|---|---|---|---|
| OncoFREE / 유방암 예후 예측 | 2014~2020 | | | 식약처 3등급 체외진단 의료기기허가 진행 중 |
| HOPE / 유전성암 위험도 평가 | 2015~2020 | | | 식약처 3등급 체외진단 의료기기허가 진행 중 |
| Oncodict / 유방암 아형 분석 및 타깃 약물 선별 | 2018~2020 | | | |
| Oncodict CF / 유방암 치료 후 재발 여부 모니터링 | 2018~2020 | | | |

**주요 제품 개발 단계**

| 제품명 | 초기 개발 | 탐색 임상 | 확증 임상 | 시판 |
|---|---|---|---|---|
| SurgiFREE / 갑상선암 진단 | 2020~ | | | |

**논문 및 학회 발표**

| 연도 | 제목 | 저널 or 학회 |
|---|---|---|
| 2020 | Development and validation of a next-generation sequencing-based multigene assay to predict the prognosis of estrogen receptor-positive, HER2-negative breast cancer | *Clinical Cancer Research (Under review)* |
| | Detection of Germline Mutations in Breast Cancer Patients with Clinical Features of Hereditary Cancer Syndrome Using a Multi-Gene Panel Test | *Cancer Research and Treatment* |
| 2018 | Examination of the Biomark assay as an alternative to Oncotype DX for defining chemotherapy benefit | *Oncology Letters* |
| | Development of an NGS-based multigene assay to predict recurrence risk in hormone receptor-positive, HER2-negative, node-negative breast cancer | *San Antonio Breast Cancer Symposium* |

**주요 제품 데이터 1**

OncoFREE: 해외 의존도가 높은, 고가의 다유전자 예후 · 예측 검사를 받지 못하는 환자에게 저렴한 비용으로 검사받을 수 있는 대안 제공

▲유방암 환자의 70%를 차지하는 호르몬수용체 양성 유방암 환자는 항호르몬치료에 반응하고, 화학항암치료에는 반응이 적어, 화학항암치료를 생략할 수 있음. 유방암조직에서 NGS 분석의 RNA 발현량 분석을 통해 재발 가능성을 예측, 치료비를 절감

▲차별성: FFPE 조직에서 RNA를 추출해, NGS 기술로 179개 RNA 발현양 분석. 유방암의 예후 예측. 한국인 유방암 환자를 대상으로 검증한 임상결과

▲임상 대상: 림프절 전이가 없는 호르몬 수용체 양성 초기 유방암 환자

▲OncoFREE 검사의 성능: AUC 0.76 수준(OncoType DX는 AUC 0.69)

▲OncoFREE 검사의 임상적 유용성

- 호르몬수용체 양성 초기 유방암 환자 413명 대상 임상검증에서, 재발 고위험군과 저위험군 간의 유의미한 재발률 차이
- 전체 환자군(413명) 대상에서는 고위험군의 재발률이 저위험군보다 5.86배 높았음. (Hazard Ratio 5.86)
- 화학항암제로 치료받지 않은 환자군(377명) 대상에서는 고위험군의 재발률이 저위험군보다 5.64배 높았음. (Hazard Ratio 5.64)
- 조직병리를 기반으로 환자의 재발 위험도를 분석하였을 때 Hazard Ratio는 2.2~4.2

주요 제품 데이터 1

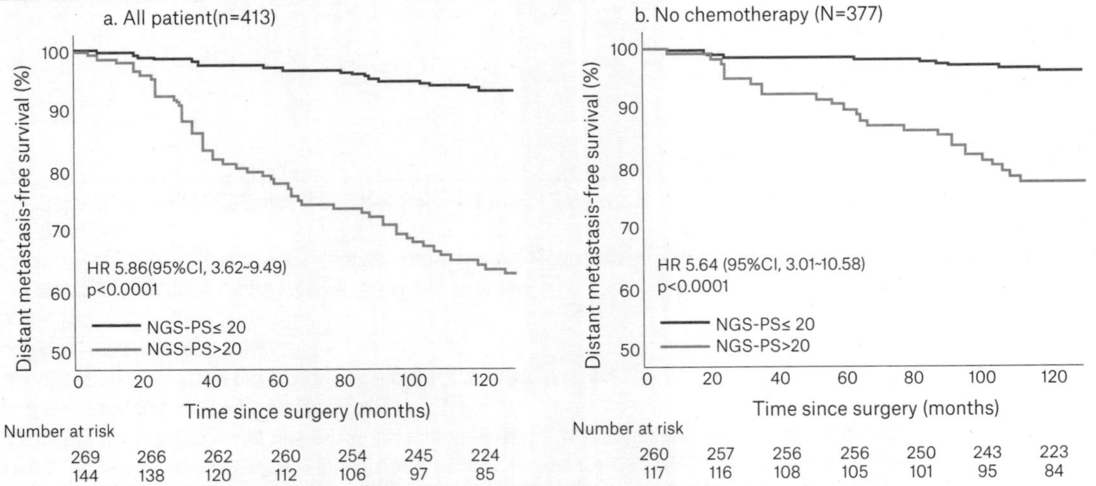


재발 위험군에 따른 무원격전이 생존율 연관성 [출처: Lee et al., Clinical Cancer Research (Under review), 2020]

**주요 제품 데이터 2**

HOPE : 유방암처럼 유전적 요인에 의해 발병률이 높은 유전성암의 유전적 분석으로 임상적 제안(Clinical Recommendation)

▲HOPE는 다수의 유전자 변이와 이와 연관된 임상적 데이터를 동시 분석. 유전성암 발병 가능성을 예측. 이를 바탕으로 종합적인 솔루션을 제공해 환자와 의사에게 시술, 수술, 추적검사 등 제안

▲차별성: 유전자 변이 임상적 가이드 제공, 혈액과 더불어 침을 이용한 분석 가능

▲임상 대상: 유전성암 환자와 가족

▲핵심 결과

- 유방암 환자 496명 대상, 64개 유전자에 대한 NGS 시퀀싱 실시
- 이 가운데 95명(19.2%)의 환자에게서 48개의 유해한 생식세포 변이(Deleterious Mutation) 검출. 16개의 암의 발병과 상관성이 높은 유전자 변이였음
- 변이가 발견된 환자 중 2명은 새로 발견한 유해한 변이였음 (*BRCA2, MLH1*)

| 경쟁기업 1 | 설립 | 주요 제품 | 시가총액 (2018 인수 당시 기준) | 매출 |
|---|---|---|---|---|
| Genomic Health | 2000 | Oncotype DX | 2조 7,800억 원 | 4,670억 원 |

▲Oncotype DX는 qRT-PCR 기반의 유방암 예후·예측 검사로 현재 50% 이상의 시장점유율을 차지하고 있음.
▲지노믹헬스는 이그젝 사이언스(Exact Sciences)에 2019년에 인수

| 경쟁기업 2 | 설립 | 주요 제품 | 시가총액 (2020.08.06. 기준) | 매출 |
|---|---|---|---|---|
| Myriad Genetics | 1991 | EndoPredict, myRisk | 1조 1,000억 원 | 1조 원 |

▲엔드프레딕트는 qRT-PCR 기반의 유방암 예후·예측 검사. 시장점유율은 5% 이하
▲myRisk는 미리어드 제네틱스(Myriad Genetics)의 2019년도 매출 중 약 56%를 차지하는 유전성암 검사 제품

| CbsBioscience 씨비에스바이오사이언스(주) | 씨비에스바이오사이언스㈜, CbsBioscience Co. Ltd., | 대표 | 박진영, Jinyoung Park |
|---|---|---|---|
| **홈페이지** | cbsbio.com | **설립** | 2003 |
| **대표 이메일** | cbsbio@cbsbio.com | **총원** | 15명 |
| **대표 전화** | 042-721-0852 | **연구원** | 박사급: 3 명 / 석사급: 3 명 |
| 비상장 | | **자본금** | 11억 원 |
| | | **매출** | 5천 1백만 원 (2019년) |
| **소재지** | 본사: 대전광역시 유성구 테크노 11로 24<br>서울사무소: 서울시 서대문구 신촌로 29 | | |
| **주요 사업 분야** | 1. 암 분자진단 기술 및 제품 | | 2. 유전체 분석 서비스 |
| **2020~2022년 주요 마일스톤** | 1) 온코헤파테스트 해외 서비스 구축<br>2) 넥사바 동반진단 제품 상용화 완료<br>3) 직장암 수술 전 화학방사선요법 예측 제품 식약처 허가 완료<br>4) 제약사와 바이오마커 기반 약물개발 사업 추진 | | |

| | 종류 | 연도 | 규모 | 투자기관 |
|---|---|---|---|---|
| 주요 투자 | 시리즈 A~B | 2018 | 29억 원 | 개인 |
| | 시리즈 A~B | 2015 | 25.5억 원 | 장덕수 외 개인 |
| | 시리즈 A | 2011 | 21억 원 | 한국투자파트너스 |

핵심 인력

| 이름 (직책) | 경력 | 이력 | 학위 (학교, 졸업, 전공) |
|---|---|---|---|
| 박진영<br>(대표이사) | • 빅데이터 기반 정밀의학 플랫폼 개발 외<br>• 간암 예후예측 바이오마커 연구 개발 외<br>• 보건복지부 "포스트게놈 다부처 유전체사업 인간유전체 임상"이행연구 외<br>• 바이오마커 기반 간암 국소 항암치료제 임상 연구 외<br>• 직장암 방사선치료 예후예측 진단 임상(EU EuroSTARS2) 연구 외<br>• 간 섬유화 진단 및 치료표적 면역조절 바오이마커 연구 개발 외<br>• 사업 외 총괄 | • 씨비에스사이언스, 대표이사, (2003~현재)<br>• 바이오인포메틱스(주), 전무, (1999~2003)<br>• 제네티카, 대표이사, (1999~2000)<br>• 세원텔레콤, 이사, (1995~1999)<br>• 현대전자(주), 과장, (1998~1995) | • 학사 (한국외국어대학교, 1989, 수학과) |

**핵심 인력**

| 이름 (직책) | 경력 | 이력 | 학위 (학교, 졸업, 전공) |
|---|---|---|---|
| 김군도<br>(연구개발소장) | | • 현재 한국해양바이오학회 총무간사, (2006~현재)<br>• 대한암예방학회 편집위원, (2005~현재)<br>• 한국분자세포생물학회 정회원, (2004~현재)<br>• 부경대학교 미생물학과 교수, (2004~현재)<br>• 대한화학회 정회원, (2004~현재)<br>• 대한약학회 정회원, (2003~현재)<br>• 한국화학연구원, 생명의약연구부 선임연구원, (2002~2004)<br>• New England Biolabs Inc. 연구원, (2000~2002)<br>• Georgetown Univ. Med. Center 연구원, (1998~2000)<br>• Beatson Cancer 연구소 연구원, (1997~1998)<br>• National Institute of Health(NIH)박사후 연구원, (1996~1997) | • 박사 (University of Glasgow, 1996, 분자세포생물학)<br>• 석사 (경상대학교 농화학, 1991, 생화학)<br>• 학사 (경상대학교, 1988, 농화학) |

### 핵심 인력

| 이름 (직책) | 경력 | 이력 | 학위 (학교, 졸업, 전공) |
|---|---|---|---|
| 서용배<br>(연구&<br>사업개발 이사) | | • 씨비에스바이오사이언스(주), (2019~현재)<br>• 해양생명과학연구소 전임연구원, (2016~2019)<br>• 수산과학연구소 전임연구원, (2014~2016)<br>• 마린바이오 프로세스 연구팀장, (2012~2014)<br>• 부경대학교 시간강사, (2010~2011)<br>• 극지연구소 박사후 연구원, (2010~2010) | • 박사 (부경대학교 미생물학과, 2009, 대사생화학)<br>• 석사 (부경대학교 미생물학과, 2004, 분자생물학)<br>• 학사 (부경대학교 미생물학과, 2002, 미생물학) |

### 파트너십

| 계약 | 회사 | 내용 |
|---|---|---|
| 2014 | 녹십자의료재단 | 간암 예후 예측 유전자 검사 |
| 2012 | 랩지노믹스 | 간암 예후 예측 유전자 검사 |

**핵심 기술 및 특허**

| 구분 | 바이오마커 | 내용 | 특허 등록 | 만료일(출원/등록) |
|---|---|---|---|---|
| 바이오마커 | mTOR 외 6개 | 혈관 내피 세포 성장인자 수용체 억제제에 대한 감수성 예측 방법 | 한국, 일본 | 출원 2014.04. |
| | DEPDC7 외 5개 | 삼중음성유방암 환자에서 재발 및 전이 예후를 예측하기 위한 분석방법 | 한국 | 출원 2020.05. |
| | TCF 외 3개 | 표적 항암 치료제에 대한 감수성 예측 방법 | 한국, 미국 | 등록 2018.03. |
| | FGFR1 외 6개 | 간세포종양에 있어서 분자-표적 치료의 감수성을 증가시키기 위한 분석방법 | 한국, 미국, 유럽, 중국 | 등록 2018.05. |
| | | 간암 예후예측용 마커, 조성물 또는 키트, 방법에 의해 효과적인 간암 예후 예측 | 한국, 미국, 유럽, 일본 | 등록 2013.11.(한국) 2016.05. |
| | YWHAB 외 117개 | 간암 진단용 단백질성 마커 | 한국, 미국 | 등록 2011.04. |
| | CBS 외 21개 | 간암 예후 마커 | 한국 | 등록 2010.06. |

**핵심 기술 및 특허**

| 구분 | 바이오마커 | 내용 | 특허 등록 | 만료일(출원/등록) |
|---|---|---|---|---|
| 플랫폼/시스템 기술 | 기전유추시스템 | 단백질간 상호작용 관계, 단백질 신호전달경로 정보의 맵핑을 통한 단백질과 신호전달경로와의 상호관계를 도출하고 도식화하는 방법 및 시스템 | 한국 | 등록 2010.05.03. |
| | Probe PINGSTM | 인공신경망 단백질 상호관계 자동유추 시스템 (Protein Interaction Network Generation System) | | 등록 2008.01.31. |
| | Probe MfinderTM | 프로테오믹스의 하향식(Top-down) 데이터를 이용한 통합 단백질 데이터베이스 및 데이터 마이닝(data mining) 도구 | | 등록 2008.01.31. |
| | Probe MSpecTM | FT-ICR 의 프로그램인 Omega 에서 얻어진 raw 파일을 분석, 클러스터를 찾아내고 PKL을 얻는 프로그램 | | 등록 2008.01.31. |

**주요 제품 개발단계**

| 제품명 | 초기 개발 | 단일기관검증 | 다기관검증 | 시판 |
|---|---|---|---|---|
| 온코헤파테스트 / 간암 (HCC) |  | | | |

**주요 제품 개발단계**

| 제품명 | 초기 개발 | 단일기관검증 | 다기관검증 | 시판 |
|---|---|---|---|---|
| 수술전 화학방사선요법 / 직장암(RC) | | | | |
| 예후예측 / 두경부암(HN-SCC), 유방암(TNBC) | | | | |
| 색전술 / 간암(HCC) | | | | |
| 넥사바 / (ORR) | | | | |
| 넥사바 / (DCR) | | | | |
| 독소루비신+사이클로포스파마이드 / 유방암(TNBC) | | | | |
| 1차 완화 치료제 / 두경부암(HNSCC) | | | | |
| 키트루다+택솔 / 폐암(SCLC) | | | | |

**논문 및 학회 발표**

| 연도 | 제목 | 저널 or 학회 |
|---|---|---|
| 2020 | A Nine-Gene Signature for Predicting the Response to Preoperative Chemoradiotherapy in Patients with Locally Advanced Rectal Cancer | *Cancers* |
| | Gene Signature for Sorafenib Susceptibility in Hepatocellular Carcinoma: different approach of predictive biomarker | *Liver Cancer* |
| 2019 | Prognostic Analysis of HCC With HCV Infection Using Epithelial-Mesenchymal Transition Gene Profiles | *Journal of Surgical Research* |
| 2018 | Validation of the OncoHepa test, a multigene expression profile test, and the tumor marker-volume score to predict postresection outcome in small solitary hepatocellular carcinomas | *Annals of Surgical Treatment and Research* |
| | Recapitulation of pharmacogenomic data reveals that invalidation of SULF2 enhance sorafenib susceptibility in liver cancer | *Oncogene* |
| 2016 | SIRT6 Depletion Suppresses Tumor Growth by Promoting Cellular Senescence Induced by DNA Damage in HCC | *PLoS One* |

**주요 제품 데이터 1**

**온코헤파테스트** : 간 절제술 후 간암 5년 재발률은 58~81% 정도. 기존 영상검사, 혈액, 병리 검사는 예후 예측에 한계. 온코헤파테스트는 간암 환자의 5년 생존율 예후예측하는 유전자 분석 검사법. 결과에 따라 수술 전 또는 보조 요법 치료대상 선별

▲차별성: 다기관, 다국가에서 임상 검증

▲임상 대상 (제품 소비자 타깃) : 간암 확진자

▲핵심 결과

- 간암 환자 359명에 대해서 연구 코호트(Training cohort) 128명, 검증 코호트(Validation cohort) 231명으로 임상을 진행
- 연구 코호트에서 개발한 바이오마커를 3개 병원의 검증 코호트에 적용해 유의함 입증. 다기관검증을 완료해 신의료 기술 인증

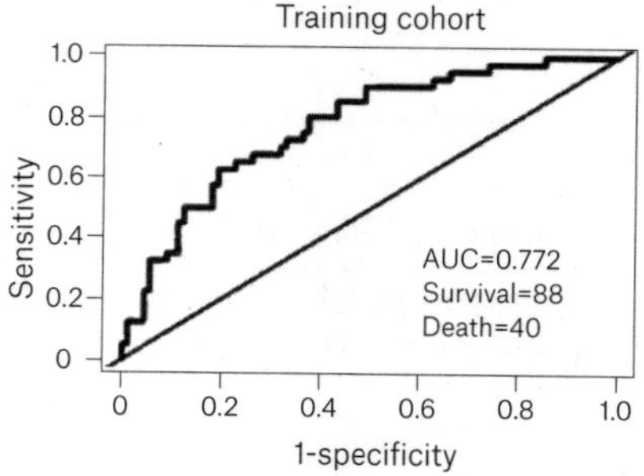


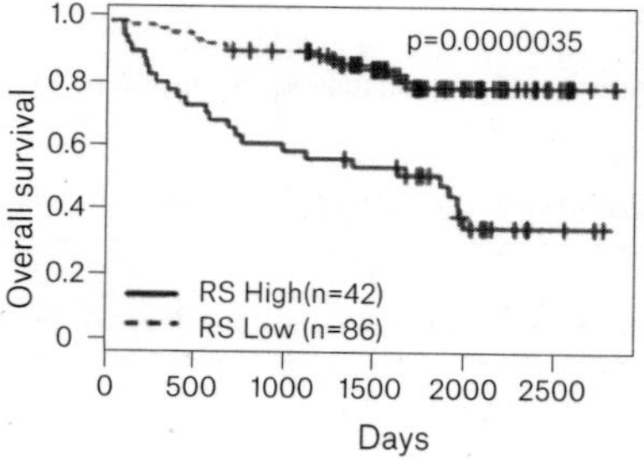

### 주요 제품 데이터 1

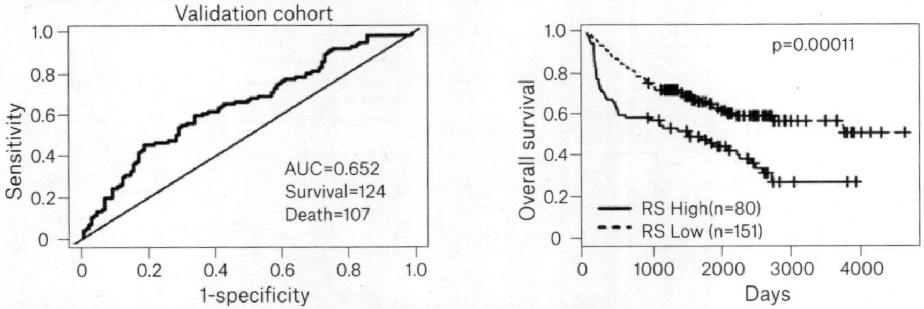


개발 바이오마커의 성능 분석(doi.org/10.1111/j.1349-7006.2010.01536.x)

### 주요 제품 데이터 2

**넥사바 동반진단 제품** : 2018년까지 진행성 간암에 승인받은 치료제는 넥사바가 유일. 넥사바는 가격이 비싸고, 약물 반응이 낮으며, 부작용도 심함. 넥사바 치료 효율을 예측하는 바이오마커 개발

▲차별성: 현재 넥사바 동반진단 제품 부재. 바이오마커를 기반으로 넥사바 적합 환자 분류 기대

▲임상 대상: 진행성 간암 환자

## 주요 제품 데이터 2

▲핵심 결과

- 진행성 간암환자 390명을 대상으로 넥사바 예측 바이오마커 검증
- 민감도 77.8%, 특이도 82.0%
- 임상에서 바이오마커 미적용. 넥사바 전체반응률(ORR)은 4.1%였으나 바이오마커로 선별한 환자군에서는 전체반응률이 15.1%

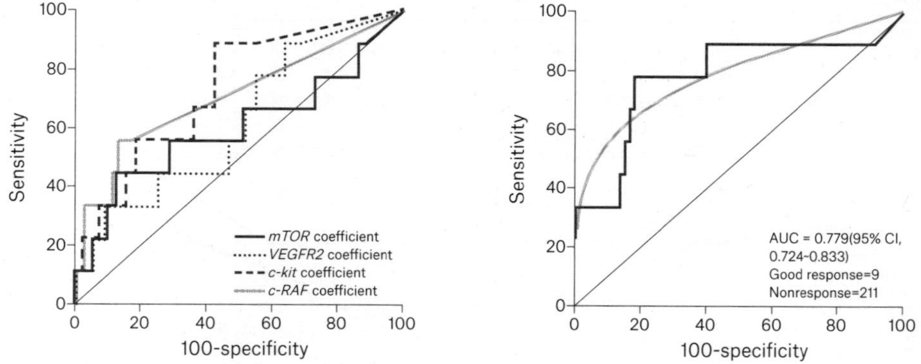


개발 바이오마커의 성능 분석(doi.org/10.1159/000504548)

**주요 제품 데이터 3**

**국소진행성 직장암 수술 전 화학방사선요법 치료효과 예측 제품** : 직장암 수술 전 표준치료는 화학방사선 요법. 종양을 줄이고 절제율을 높이는 역할. 그러나 방사선 치료에 반응하지 않는 환자가 있어 모든 환자가 수술 전 방사선치료는 받을 필요가 없음. 또한 수술 시기를 앞당길 수 있고, 방사선치료로 인한 부작용을 피할 수 있음. 치료 효과 예측 바이오마커 개발

▲임상 대상: 국소진행성 직장암(LARC, Locally Advanced Rectal Cancer) 환자

▲핵심 결과

- 국소진행성 직장암 환자 156명 대상 예측 바이오마커 검증
- 연구코호트(Training cohort) 60명, 바이오마커를 검증코호트(Validation cohort) 96명에서 테스트함-민감도 81.5%, 특이도 84.8%

| 경쟁기업 1 | 설립 | 주요 제품 | 시가총액 (2018년 인수 시 기준) | 매출 (2018년 기준) |
|---|---|---|---|---|
| 지노믹헬스 (Genomic Health) | 2000 | OncotypeDX® | 2조 7,800억 원 | 4,670억 원 |

▲OncotypeDX® 유방암 진단 제품 개발 (2003) → OncotypeDX® 제품 상용화 (2004) → 나스닥 상장 (2005) → 유방암 NCCN 가이드라인 등재, 글로벌 주요 가이드라인에 포함 (2008) → OncotypeDX® AR-V7 Nucleus Detect™ 전이성 난치성 전립선암 항암치료 예측 검사 상용화 (2018) → EXACT SCIENCES에서 28억 달러에 인수 (2019)

▲OncotypeDX®

- 검체: 유방암 조직
- 대상 환자: 초기 유방암 환자 중 림프절 전이 음성 또는 양성(미세전이, 1~3개), 에스트로겐 수용체 양성, HER2 음성 환자
- 기능: 21개 유전자 검사 통해 10년 재발 여부 및 화학치료제 반응 예측

| 경쟁기업 2 | 설립 | 주요 제품 | 시가총액 (2018년 인수 시 기준) | 매출 (2017년 기준) |
|---|---|---|---|---|
| 파운데이션메디슨 (Foundation Medicine) | 2010 | FoundationOne® CDx | 6조 2,800억 원 | 1억 5천만 달러 |

▲최초로 Comprehensive genomic profiling(CGP) 및 FoundationOne 제품 출시 (2012) → FoundationOne®Heme 상용화 (2013) → NCCN 가이드라인 등재 (2014) → liquid biopsy test 출시 (2016) → Roche Holdings에서 약 6조 원의 밸류로 인수, Foundation Medicine 자율적 운영체계 지속(다른 생명공학/제약회사와 협력할 수 있음) CGP 검사 및 FondationOne® CDx 진단제품 FDA 허가, CMS 보험 적용 (2018)

▲FoundationOne® CDx 설명
- 난소암, 폐암, 유방암, 직장암 및 흑색종
- 315개 유전자 전 영역 및 28개 유전자의 인트론(intron) 영역 검사
- 치료 가능한 변이 및 이에 사용 가능한 표적 치료제 추천